这是一本为建筑、规划和设计专业人士，以及广大艺术爱好者而著的有故事的中世纪西欧罗马风和哥特建筑史。本书将为您详尽介绍从公元5世纪法兰克王国建立到15世纪意大利文艺复兴运动兴起这1000年间西方建筑的发展历程，同时也会讲述这些建筑背后的故事，为您打开通往神秘而璀璨的中世纪欧洲建筑的探奇之门。本书配有630幅精美的插图辅助您的阅读。

图书在版编目（CIP）数据

凡世的荣光：璀璨的中世纪建筑 / 陈文捷著. —北京：机械工业出版社，2019.12（2021.4重印）
（西方建筑的故事）
ISBN 978-7-111-64557-3

Ⅰ.①凡… Ⅱ.①陈… Ⅲ.①建筑史—欧洲—中世纪 Ⅳ.①TU-095

中国版本图书馆CIP数据核字（2019）第296932号

机械工业出版社（北京市百万庄大街22号 邮政编码100037）
策划编辑：时 颂 责任编辑：时 颂 刘志刚 于兆清
责任校对：孙丽萍 潘 蕊 封面设计：刘硕诗 林惠敏
责任印制：孙 炜
北京联兴盛业印刷股份有限公司印刷
2021年4月第1版第2次印刷
148mm × 210mm · 10.375印张 · 2插页 · 327千字
标准书号：ISBN 978-7-111-64557-3
定价：69.00元

电话服务
客服电话：010-88361066
010-88379833
010-68326294

网络服务
机 工 官 网：www.cmpbook.com
机 工 官 博：weibo.com/cmp1952
金 书 网：www.golden-book.com
机工教育服务网：www.cmpedu.com

“西方建筑的故事”丛书序

一部建筑史，里面究竟该写些什么？怎么写？有何意义？我在大学讲授建筑史课程已经 20 年了，对这些问题的思考从没有停止过。有不少人认为建筑史就是讲授建筑风格变迁史，在这个过程中，你可以感受到建筑艺术的与时俱进。有一段时间，受现代主义建筑观以及国家改革开放之后巨大变革进步的影响，我也认为，教学生古代建筑史只是增加学生知识的需要，但是那些过去的建筑都已经成为历史了，设计学习应该更加着眼于当代，着眼于未来。后来有几件事情转变了我的观念。

第一件事是在 2005 年的时候，我在英国伦敦住了一个月，亲眼见识到那些当代最摩登的大厦却与积满了厚重历史尘土的酒馆巷子和睦相处，亲身体会到在那些老街区、窄街道和小广场中行走消磨时光的乐趣，第一次从一个普通人而不是建筑专业人员的视角来体验那些过去只是在建筑专业书籍里看到的、用建筑专业术语介绍的建筑。

第二件事是在2012年的时候，我读了克里斯托弗·亚历山大（Christopher Alexander）写的几本书。在《建筑的永恒之道》这本书中，亚历山大描述了一位加州大学伯克利分校建筑系的学生在读了也是他写的《建筑模式语言》之后，惊奇地说：“我以前不知道允许我们做这样的东西。”亚历山大在书中特别重复了一个感叹句：“竟是允许！”我觉得，这个学生好像就是我。这本书为我打开了一扇通向真正属于自己的建筑世界的窗子。

第三件事就是互联网时代的到来和谷歌地球的使用。尤其是谷歌地球，其身临其境的展示效果，让我可以有一个摆脱他人片面灌输、而仅仅用自己的眼光去观察思考的角度。从谷歌地球上，我看到很多在专业书籍上说得玄乎其玄的建筑，在实地环境中的感受并没有那么好；看到很多被专业人士公认为是大师杰作的作品，在实地环境中却显得与周围世界格格不入。而在另一方面，我也看到，许许多多从未有资格被载入建筑史册的普普通通的街道建筑，看上去却是那样生动感人。

这三件事情，都让我不由得去深入思考，建筑究竟是什么？建筑的意义又究竟是什么？

现在的我，对建筑的认识大体可以总结为两点：

第一，建筑是一门艺术，但它不应该仅仅是作为个体的艺术，更应该是作为群体一分子的艺术。历史上不乏孤立存在的建筑名作，从古代的埃及金字塔、雅典的帕提农神庙到现代的朗香教堂、流水别墅。但是人类建筑在绝大多数情况下都是要与其他建筑相邻，作为群体的一分子而存在的。作为个体存在的建筑，建筑师在设计的时候可以尽情地展现自我的个性。这种建筑个性越鲜明，个体就越突出，就越可能超越地域限制。这是我们今天的建筑教育所提倡的，也是今天的建筑师所孜孜追求的。然而，具有讽刺意味的是，当一个设计获得了最大的自由，可以超越地域和其他限制放在全世界任何地方的时候，实际上反而是失去了真正的个性，随波逐流而已。这样的建筑与摆在超市中出售的商品有什么区别呢？而相反，如果一座建筑在设计的时候，更多地去顾及周边的其他建筑群体，更多地去顾及基地地理的特殊性，更多地去顾及可能会与建筑相关联的各种各样的人群，注重在这种特殊性的环境中，与周围其他建筑相协作，进行有节制的个体表现，这样做，才能够真正形成有特色的建筑环境，才能够真正让自己的建筑变得与众不同。只是作为个体考虑的建筑艺术，就好比是穿着打扮一样，总会有“时尚”和“过气”之分，总会有“历史”和“当代”之别，总会有“有用”和“无用”之间；而作为群体交往的艺术是任何时候都不会过时的，永远都会有值得他人和后人学习和借鉴的地方。

第二，建筑不仅仅是艺术，建筑更应该是故事，与普普通通的人的生活紧密联系的故事。仅仅从艺术品的角度来打量一座建筑，你的眼光势必会被新鲜靓丽的“五官”外表所吸引，也仅仅只被它们所吸引。可是就像我们在生活中与人交往一样，有多少人是靠五官美丑来决定朋友亲疏的？一个其貌不扬的人，可能却因为有着沧桑的经历或者过人的智慧而让人着迷不已。建筑也是如此。我们每一个人，都可能会对曾经在某一条街道或者某一座建筑中所发生过的某一件事情记忆在心，感慨万端，可是这其中会有几个人能够描述得出这条街道或者这座建筑的具体造型呢？那实在是无关紧要的事情。一座建筑，如果能够在一个人的生活中留下一片美好的记忆，那就是最美的建筑了。

带着这两种认识，我开始重新审视我所讲授的建筑史课程，重新认识建筑史教学的意义，并且把这个思想贯彻到“西方建筑的故事”这套丛书当中。

在本套丛书中，我不仅仅会介绍西方建筑个体风格的变迁史，而且会用很多的篇幅来讨论建筑与建筑之间、建筑与城市环境之间的相互关系，充分利用谷歌地球等技术条件，从一种更加直观的角度将建筑周边环境展现在读者面前，让读者对建筑能够有更加全面的认识。

在本套丛书中，我会更加注重将建筑与人联系起来。建筑是为人而建的，离开了所服务的人而谈论建筑风格，背离了建筑存在的基本价值。与建筑有关联的人不仅仅是建筑师，不仅仅是业主，也包括所有使用建筑的人，还包括那些只是在建筑边上走过的人。不仅仅是历史上的人，也包括今天的人，所有曾经存在、正在存在以及将要存在的人，他们对建筑的感受，他们与建筑的互动，以及由此积淀形成的各种人文典故，都是建筑不可缺少的组成部分。

在本套丛书中，我会更加注重将建筑史与更为广泛的社会发展史联系起来。建筑风格的变化绝不仅仅是建筑师兴之所至，而是有着深刻的社会背景，有时候是大势所趋，有时候是误入歧途。只有更好地理解这些背景，才能够比较深入地理解和认识建筑。

在本套丛书中，我会更加注重对建筑史进行横向和纵向比较。学习建筑史不仅仅是用来帮助读者了解建筑风格变迁的来龙去脉，不仅仅是要去瞻仰那些在历史夜空中耀眼夺目的巨星，也是要在历史长河中去获得经验、反思错误和吸取教训，只有这样，我们才能更好地面对未来。

我要特别感谢机械工业出版社建筑分社和时颂编辑对于本套丛书出版给予的支持和肯定，感谢建筑学院 App 的创始人李纪翔对于本套丛书出版给予的鼓励和帮助，感谢张文兵为推动本套丛书出版和文稿校对所付出的辛苦和努力。

写作建筑史是一个不断地发现建筑背后的故事和建筑所蕴含的价值的过程，也是一个不断地形成自我、修正自我和丰富自我的过程。

本套丛书写给所有对建筑感兴趣的人。

陈文捷

2018 年 2 月于厦门大学

前 言

前些时间我带学生去闽西连城县培田村考察，请了一位村里的老者担任导游。在介绍其中一座已经有几百年历史而略显破败的大宅的时候，这位老者的一句不断重复的话语给我们留下深刻的印象："这是我的家。"那种对家族历史和成就所产生的骄傲和自豪感真是溢于言表，让人感动。

站在他家，我忽然想到了欧洲，想到我正在写作的这本中世纪欧洲建筑史。与本套丛书前两本书不一样的是，在本书中我所介绍的建筑除极个别已经成为废墟外，几乎全都保留下来，并且绝大多数今天还在发挥其几百年前甚至上千年前就已有的功能：教堂还是教堂，市政厅还是市政厅，住宅还是住宅，城门也还是城门，尽管穿过城门洞的已经从牛车变成了汽车。不仅是建筑，城市也是如此。在本书中，我将会给大家展现许多欧洲城市的古老地图，如果把它们与几百年后的当今城市做一个对照，就会发现其中的街道脉络大都很好地保留着。这些城市中有许多都是所在国家当代的经济中心，例如德国慕尼黑、意大利米兰或者法国斯特拉斯堡。频繁的战乱和天灾人祸没有能够摧毁这些城市的古老街道和建筑，现代化的经济建设和技术进步也不足以让他们放弃古老街道和建筑。他们中的许多人今天还住在古老的住宅里，到古老的教堂做礼拜，去古老的街道购物，在古老的广场上听艺人演奏乐曲。在他们的内心里，一定也有着那位培田老者同样的骄傲和自豪吧。

黑暗年代 第一部

第一章
从罗马帝国瓦解
到新欧洲诞生

第二部 罗马风时代

第二章 德国罗马风建筑

第三章 意大利罗马风建筑

第四章 法国罗马风建筑

第五章 西班牙罗马风建筑

第三部 哥特时代

第六章 英国罗马风建筑

第七章 哥特时代的开端

第八章
盛期法国哥特教堂

第九章
辐射式和火焰式法国哥特教堂

第十章 法国中世纪的世俗建筑

第十一章 伊比利亚半岛的哥特建筑

第十二章
英国早期哥特教堂

第十三章
英国装饰风格
哥特教堂

第十四章 英国垂直风格哥特教堂

第十五章 英国中世纪的世俗建筑

第十六章 神圣罗马帝国的哥特建筑

第十七章 意大利的哥特建筑

引子

『如果这些部落不能对我们保持友好，但愿他们彼此仇视。』

公元前 58 年，一支原本生活在今天瑞士北部的高卢部落赫尔维蒂人（Helvetii）㊀准备要借道罗马的外高卢行省（Gallia Transalpina）迁往高卢西部地区。这一行动被时任高卢总督 G. 尤利乌斯·恺撒（G. Julius Caesar，前 100—前 44）阻止。

头上绾着发髻的苏维汇人战俘雕像（古罗马人制作于公元 2 世纪）

挫败赫尔维蒂人之后，恺撒从其他高卢部落那里了解到，有一支日耳曼部落苏维汇人（Suebi）是这次事件的幕后黑手。正是因为他们不断压迫，才逼使赫尔维蒂人不得不举族迁徙的。这些苏维汇人同时也在奴役高卢中部地区的其他许多部落。在之后的几年间，恺撒一方面以保护高卢人免遭日耳曼人入侵为理由，

㊀ 瑞士的正式国名“赫尔维蒂联邦”（Confœderatio Helvetica）就是源自这个古老民族。

不断扩大和巩固罗马的统治区，直到把整个高卢都纳入到罗马版图中来；另一方面，他也对以苏维汇人为代表的日耳曼各部落进行深入了解，成为希腊罗马世界亲身探察这个注定要主宰西方社会的日耳曼民族的第一人。[1]

根据弗里德里希·恩格斯（Friedrich Engels，1820—1895）的研究[2]，日耳曼人㊀是在遥远的古代紧随着高卢人的步伐，从黑海北岸的大草原迁徙到欧洲的。他们先是来到欧洲北部波罗的海和北海南岸以及斯堪的纳维亚半岛等地方生活，而后再从这里出发，向南不断挤压高卢人的活动地盘，逐渐将高卢人排挤出莱茵河以东地区。公元前 113 年，两支日耳曼部落辛布里人（Cimbri）和条顿人（Teutons）甚至侵入意大利北部，接连三次击败罗马军团，给予罗马共和国沉重打击。直到公元前 102—前 101 年，他们才最终被杰出的罗马统帅盖乌斯·马略（Gaius Marius，前 157—前 86）击灭。日耳曼人不得不暂时收敛住南下的脚步。

瓦卢斯之战（作者：O.A. Koch）

与已经定居步入农耕文明并且跟罗马人密切往来的高卢人相比，日耳曼人要自由自在得多。在恺撒笔下，日耳

㊀ “日耳曼”（Germani）这个单词的词源可能就是出自高卢语中的“邻近”（ger）和“人”（mani）。恺撒在《高卢战记》中使用这个单词来称呼生活在莱茵河以东的野蛮民族。

曼人的全部生活就只有狩猎和战争。他们不喜欢农耕生活也不好享乐，族长们总是强迫部族每年搬迁，以避免群众被财富所腐蚀。他们总是四处蹂躏周边邻居，直到把所有邻居都赶走才肯善罢甘休。要是他们生活的地方能够完全被荒地所包围，那简直就是最光荣的事情。因为这样的原因，日耳曼人总是能够在跟邻居的冲突中掌握主动权，他们每次出击都必定会给邻居们带来惨痛损失。而由于他们居无定所，即使如恺撒这样天才的军事统帅也拿他们无可奈何。

在恺撒去世后的一百年间，不肯甘心的罗马军团一次次尝试要把他们拉入到文明生活中来，但罗马人的努力却在桀骜不驯的日耳曼民族面前一再落空，唯一能做的就只剩下用莱茵河和多瑙河来把他们勉强阻挡在帝国文明之外。百般无奈之下，伟大的罗马历史学家塔西佗（Tacitus，56—120）不由得心中默祷道："如果这些部落不能对我们保持友好，但愿他们彼此仇视起来；因为我们帝国的隆运已经衰替，幸运所能赐给我们的恩典也就无过于敌人内讧的了。"[3]

第一部

黑暗年代

第一章

从罗马帝国瓦解到新欧洲诞生

『君权神授的罗马皇帝查理万岁！』

1-1 野蛮民族瓜分西欧

公元 476 年，西罗马帝国最后一位皇帝被日耳曼“蛮族”出身的帝国将领奥多亚塞（Odovacar，约 433—493）废黜。日耳曼人的各个分支——东哥特人（Ostrogoths）、西哥特人（Visigoths）、苏维汇人（Suebi）、法兰克人（Franks）、勃艮第人（Burgundians）、汪达尔人（Vandals）和盎格鲁—撒克逊人（Anglo-Saxons）—— 一道瓜分了西罗马帝国。这些“蛮族”们在很长一段时期里仍然过着他们已经习以为常的游牧或半游牧生活，整个西欧都从文明社会跌落入蛮荒之中，统一的国家秩序消失，城市毁坏，农田荒芜，商业中断，文学和艺术失去赖以生存的土壤。又一个“黑暗时代”——中世纪（Middle Ages / Medieval）[1]——降临到西方世界。

[1] “中世纪”这个词最早出现在意大利文艺复兴时期，与黑暗时代同义，用以贬低从西罗马帝国灭亡到意大利文艺复兴这一千年间北方“蛮族”们所取得的成就。19 世纪以后，这种观点开始转变。许多学者认为，中世纪并非一个沉睡和可怕的时代，而是生机勃勃充满变化的时代，是孕育了新欧洲的时代。

瓜分西欧的民族（公元493年）

不过，与整整1500年前的那个希腊黑暗时代有所不同的是，已经成为罗马文明象征的基督教在这场打击中顽强地生存下来，并且最终被那些“蛮族”们所接受。就像米兰主教圣安布罗斯（Saint Ambrose，340—397）所形容的那样：“在世界的动乱之中，基督教会毫不动摇；波浪不能撼动它。它向所有遭遇船难的人提供一个平静的港口，使他们可以得到安全。”[4]遍布各地的基督教修道院和教堂既成为过去历史的保存者，又为处于苦难中的民众提供了安慰，为他们总有一天重

西班牙本塔德瓦尼奥斯的圣约翰教堂（建于公元661年）

该教堂内景。如果将它与罗马帝国时代的神庙做一个比较，可以看出两种生活水平之间的巨大反差

回文明生活保留了希望。而从另一方面来说，旧文明的湮没也并非全是坏事，旧体制的彻底清除将为新体制的建立扫清道路。旧罗马帝国日益加固的专制体制“践踏人的尊严，扼杀人的天赋，葬送人的活力”。而随着这些桀骜不驯的野蛮民族的侵入，古老的自由精神将会死灰复燃。只要假以时日，一个全新的文明就会在这片废墟上重新建立起来。也许就像大卫·休谟（David Hume，1711—1776）说的那样：“如果地球的这一部分保存的自由、荣誉、公义、勇武的情操远迈于人类其余部分之上，主要应该归功于这些恢宏大度的野蛮人。”[5]

1-2 从法兰克王国到法兰克帝国

尽管东罗马帝国皇帝查士丁尼一世（Justinian I，527—565 年在位）于公元 533—553 年先后击败汪达尔人和东哥特人，一度恢复了对北非和意大利的直接统治，但是长时期的拉锯战也毁灭了意大利。查士丁尼去世后，一支新的日耳曼蛮族伦巴第人（Lombards）又入侵并占领了意大利的大部分地区。在北非，东罗马帝国的统治于公元 7 世纪下半叶彻底终结。高举伊斯兰教大旗的阿拉伯军队横扫地中海南岸，于公元 8 世纪初攻入西班牙并击

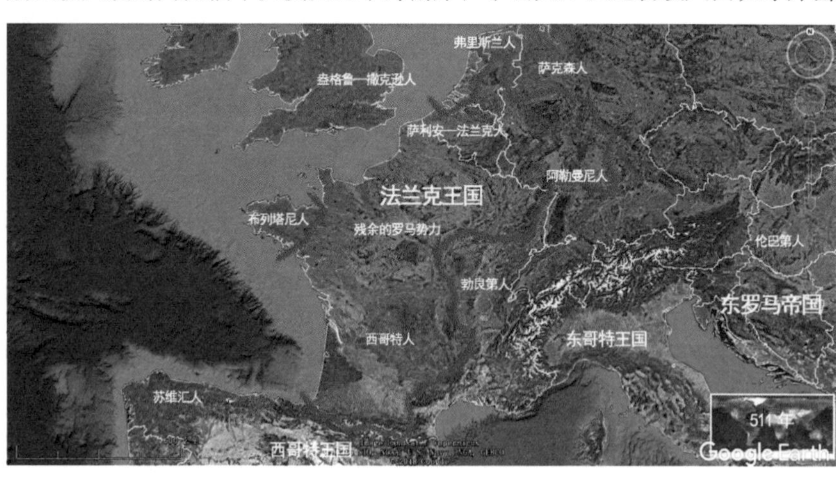

法兰克王国（公元 511 年）

败了西哥特人，将伊比利亚半岛纳入伊斯兰世界达数个世纪之久。在这“黑暗”的动荡年代，只有高卢地区的法兰克人得以在相对安宁的气氛下稳步发展。

法兰克人最早出现在历史记载中是公元3世纪，当时他们从莱茵河下游出发，一度横扫高卢全境。在这之后，法兰克人与其他日耳曼人一样，以罗马同盟军或者雇佣军的名义留在了罗马边境地区。公元5世纪初，西罗马帝国陷入混乱，法兰克人中的一支萨利安—法兰克人（Salian Franks）再次涌入高卢北部。这一次他们留下来不再走了。

公元481年，年仅15岁的克洛维一世（Clovis I，466—511）成为萨利安—法兰克人的首领。在他的领导下，法兰克人各支派联合起来，相继击败盘踞在高卢中部的最后一支罗马军队、高卢南部的西哥特人以及今天德国南部的阿勒曼尼人（Alemanni）㊀，控制了整个高卢地区，建立了法兰克墨洛温王朝（Merovingian，481—751）的统治。

法兰克人群像，下图左三和左二为克洛维夫妇（A. Kretschmer 作于1882年）

公元508年，在信奉天主教的妻子影响下，克洛维率领他的部下皈依了罗马天主教。㊁此举一方面有助于改善法兰克人与当地原本就信奉罗马天主

㊀ 阿勒曼尼人是苏维汇人的一支。时至今日，法语仍然以这个部落的名称“Allemagne”来称呼德国。

㊁ 与之相比，包括勃艮第人、哥特人和汪达尔人在内的其他日耳曼人信奉的都是基督教异端阿里乌教派（Arianism）。

克洛维受洗（作于公元9世纪）

图尔之战（C. de Steuben 作于1837年）

教的高卢人之间的关系；另一方面，在教派思想林立和东、西方教会不和的时代，这也使他和他的法兰克人成为罗马教皇和罗马天主教会的天然盟友，为日后法兰克人统一西欧打下精神基础。

公元732年，法兰克人在法国西部的图尔（Tours）附近击败来势汹汹的阿拉伯军队，终结了阿拉伯人的扩张势头，挽救了基督教欧洲。这次战役的领导者是墨洛温王朝的王室总管（或称为宫相）查理·马特（Charles Martel，688—741），他所在的加洛林家族这时已经成为法兰克人的实际统治者。公元751年，查理·马特的儿子“矮子”丕平（Pepin the Short，751—768年在位）㊀取代墨洛温家族成为法兰克王国的新统治者，建立了加洛林王朝（Carolingians，751—987）。在他的登基仪式上，罗马教皇的使节为他

㊀ “矮子”是丕平的绰号。虽然这个绰号是否与丕平的身高有关还存在争议（有人认为可能是“小”或者“年轻”的意思），但从给国王取这样的绰号（我们后面还会看到他的曾孙们的绰号）也可以反映出法兰克社会蛮荒和质朴的状态。与之相比，罗马统帅们的绰号都要响亮得多，比如“伟大的”庞培与“非洲征服者”大西庇阿等。

行涂油礼。此举首开由教会为国王加冕的先例。在当时，罗马教会正急于摆脱东罗马帝国皇权束缚而树立自己的权威，而“矮子”丕平也希望为他的篡位找到一个合法的借口。在这种情况下，教会与王权找到一个完美的结合点，并从此携起手来，开创欧洲历史新的进程。[6]

教皇使节为矮子丕平加冕（J. Fouquet 作于 15 世纪）

为回报教皇，矮子丕平领兵击败盘踞在意大利的伦巴第人，将罗马周围的一大片土地直接交由教皇管理，建立起所谓的教皇国（Papal States，756—1870 年）。

“矮子”丕平的继承人就是西方中世纪最伟大的君主查理大帝（Charlemagne[㊀]，768 年成为国王，800—814 年为皇帝）。他带领法兰克人先后击败周边的各个日耳曼部落，除了已经被阿拉伯人征服的西班牙之外，第一次将包括现代德国在内的几

据信是铸造于公元 812—814 年的银币，其上应为查理大帝头像

㊀ Charlemagne 或者翻译成“查理曼”。他最初被称为“Charle Magnus”，“Charle”是名字，“Magnus”是绰号，“大”的意思，据说是为了与他的同名儿子相区分。以后到了公元 9 世纪，这个绰号被演绎为形容查理非凡的领袖气质，于是就与其原来的名字合为一体。——克里斯威科姆：《罗马帝国的遗产：400—1000》

乎整个西欧大陆纳入到一个统一政权之下。这是旧罗马帝国即使在最强大的时候也没能达成的伟业。然而这个帝国的影响力也仅仅局限于西欧大陆，从未将视野扩大到地中海周边的其他区域。

这是欧洲文明发展的重要里程碑。从这时候起，旧时的以地中海为中心倡导欧亚非一体化的希腊罗马文明被以欧洲大陆为中心的新文明所取代。一个独立的新欧洲已经到来。

正在抄写典籍的修道士（作于公元9世纪）

查理大帝不但十分骁勇善战，而且大力支持教育和艺术事业。他真诚希望能够将先进的地中海文化传入他所统治下的野蛮和半野蛮民族之中。他不但在百忙的国事之余请来教师指导自己学习算术、语法、修辞和天文学，还大力支持修道院设立学校，不分男女，为民众提供接受教育的机会。他鼓励修道士誊写拉丁古典书籍。得益于他的推动，我们今天能够读到的罗马文学作品有90%都抄写自加洛林时代。[7]在他的庇护下，许多不堪正在东罗马帝国掀起的“圣像破坏运动”（Byzantine Iconoclasm）迫害的拜占庭艺术家涌入查理大帝的帝国，将希腊古典艺术传进野蛮的法兰克人中，掀起了一股小型的“文艺复兴”运动。

公元800年圣诞节，查理大帝来到罗马圣彼得大教堂做祈祷。就在他专注祷告时，罗马教皇利奥三世（Pope Leo Ⅲ，795—816年在位）突然拿出一顶皇冠戴在他的头上，宣布他为已经空位300多年的西罗马帝国新

查理大帝加冕（拉斐尔作于1514年）

一任皇帝。就在这一加冕事件的三年前，名义上统治西方㊀的东罗马帝国皇帝君士坦丁六世（Constantine Ⅵ，780—797年在位）被他的母亲伊琳娜太后（Irene）弄瞎双眼并废黜，伊琳娜自立为皇帝（797—802年在位）。她是18世纪俄国伊丽莎白女皇（Elizabeth，1741年发动政变上台，1741—1762年在位）之前西方历史上仅有的依靠自己的力量登基的女皇帝，在当时并不为正统人士所认可，因而利奥三世的这一举动被解释为是使罗马帝国得以延续的必要措施。在此后许多世纪的西欧编年史上，查理大帝一直是作为罗马帝国的第67个统治者君士坦丁六世之后的第68位皇帝。[8]尽管东罗马帝国不久就有了新的皇帝，但它已经远离西方而去了。公元812年，东罗马帝国终于承认查理大帝所拥有的西罗马帝国皇帝称号，并从此放弃了对西方地区名义上的统治权。

在查理大帝之前，罗马帝国皇帝都是由元老院和军队推立的。主教只是受皇帝委任代为管理教会事务的官员。向来只有皇帝批准主教和教皇的

㊀ 公元476年西罗马帝国末代皇帝被废黜时，蛮族出身的帝国将领奥多亚塞名义上是将帝国西部的最高统治权移交给东罗马帝国皇帝。

任命，从来没有教皇加冕皇帝的先例。为了替罗马教皇这种突如其来的权力寻求一个“合法”的依据，罗马教会甚至伪造文件以“证明”第一位信仰基督教的罗马皇帝君士坦丁（Constantine，306—337 年在位）曾经将统治意大利和整个西方的权力授予罗马教皇。尽管加冕仪式之后教皇仍然像从前一样向皇帝行臣属礼，但这一史无前例的事件清楚地表明，基督教已经成为决定中世纪历史进程的最重要因素。一个信仰的时代来临了。

1-3 亚琛的宫廷礼拜堂

这个重建的西罗马帝国将首都设在今天德国和比利时边境附近的亚琛（Aachen），这是一座旧罗马帝国时代就建立起来的温泉度假小镇。虽然贵为帝国首都，可亚琛当时的人口大约只有两三千人，西欧中世纪的衰落由此可见一斑。

右前方为查理大帝时代的皇宫，左后方为礼拜堂（M. Snajdar 绘）

右侧为亚琛大教堂，左侧为亚琛市政厅

公元 805 年建成的查理大帝宫廷礼拜堂（Palatine Chapel）㊀是这个时代保存下来的最大、最完好和最富有艺术性的建筑物。它是以意大利拉韦纳（Ravenna）的圣维塔莱教堂（Church of San Vitale）为蓝本兴建的，两者在造型上十分相似，但在内部空间如何使用方面有很大的区别。

亚琛宫廷礼拜堂剖视图

在本套丛书《巨人的文明》一书中曾经介绍过，圣维塔莱教堂为了突出前来礼拜的皇帝地位，于是建造者就将教士所使用的圣坛安置在中央穹顶边上的一个小空间，而将皇帝的座位放在主穹顶下。这样一种集中式的布局方式体现的是早期基督教世界皇权高于教会的特征。而当西罗马帝国灭亡皇权消失后，由于有限的王权不足以凌驾于教会之上，所以西欧基

㊀ “Palatine”一词源于“罗马七山”之一的帕拉丁山，是罗马城最初的建城地点。罗马帝国时代将皇宫建造在这座山上，于是这座山的名称在西方就具有了皇宫或皇家的含义。

亚琛宫廷礼拜堂剖面图

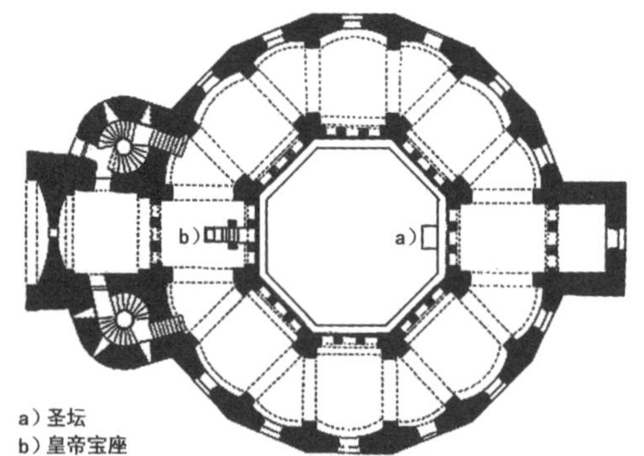

亚琛宫廷礼拜堂平面图

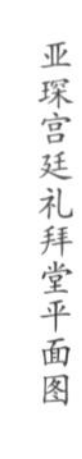

查理大帝的宝座。从公元936年起到1531年，共有31位德国国王在这张宝座上得到加冕

督教堂一般都采用更能够突出教士地位的巴西利卡式，而很少使用集中式。[9] 但是现在，西方世界又有了足以与教会抗衡的强权皇帝，于是这种布局就要做出相应调整。

在这座亚琛宫廷礼拜堂中，其圣坛是设在中央穹顶下方偏东的位置，虽然不是在穹顶正下方，但其地位还是足以体现出教会的权威。为了与之抗衡，建筑师梅斯的奥多（Odo of Metz，742—814）特别在教堂西侧设计了由两座塔楼夹持的高大入口，而后在这个入口建筑的二楼上放置查理大帝的宝座，皇帝可以从这里俯瞰下方大厅的圣坛。通过这样一种设计，皇帝的地位也得到了充分的体现，实现了皇权与教权的平衡。这样一种被称为“西部结构”（Westwork）的布局方式，以后被德、法两国的罗马风和哥特建筑所继承。

在这座礼拜堂的周围原本还有皇宫、罗马浴场等建筑。中世纪时期，礼拜堂进行了改造，加高屋顶，扩建歌坛，成为亚琛大教堂。而原来的皇宫则被改成了亚琛市政厅。

1-4 法兰克帝国分裂

在那个黑暗时代，欧洲后来所普遍实行的长子继承制还没有得到确立，所以即使是强大的查理大帝，打下来再多的疆土，到头来也是要把家产平分给各个儿孙，而儿孙们也会如法炮制。只有死亡才能阻止这个过程。这样一来，后继者的实力免不了会日趋削弱，很少会有能够长期称霸的统治家族。

公元 814 年，查理大帝在亚琛去世，他被安葬在宫廷礼拜堂内。他生前就将国土分给几个儿子，然而最终只有一个儿子——虔诚者路易（Louis the Pious，814—840 年在位）——能够活到查理去世并继承全部家产。路易也像父亲一样把国土分封给自己的四个儿子，其中有三个活到路易去世。公元 843 年，查理大帝的这三个孙子在经过一番相互角力厮杀之后，在今天法国北部的凡尔登（Verdun）坐下来签署了一份协议，将法兰克帝国一

法兰克帝国的分裂（814—870 年）

分为三：包括意大利和亚琛在内的帝国中部地区由查理大帝的长孙——名义上的皇帝——洛泰尔一世（Lothaire I，840—855 年在位）管辖，东部地区分给了日耳曼人路易（Louis the German，840—876 年为东法兰克国王），西部则由“秃头”查理（Charles the Bald，840—877 年为西法兰克国王，875—877 年为皇帝）统治。之后洛泰尔又将他所继承的国土分成三份由儿子们继承，其中继承了意大利的路易二世（Louis II of Italy，844—875 年为意大利国王，855—875 年为皇帝）得到了皇帝的空衔，洛泰尔二世（Lothair Ⅱ）得到了包括亚琛在内的洛林（Lotharingia）[㊀]，查理（Charles of Provence）则分得勃艮第（Burgundy）和普罗旺斯（Provence）。在查理和洛泰尔二世先后无嗣而死之后，虚弱的路易二世无力招架两位叔父的魔爪，不得不在公元 870 年与他们再次签订条约（《墨尔森条约》，Treaty of Meerssen），将整个洛林和部分勃艮第拱手让给叔父们瓜分。伴随着这两次签约，近代法国和德国的雏形开始形成，而对原洛林地区的争夺则埋下了日后法、德长期冲突的祸根。

就在三家忙着瓜分法兰克帝国的时候，公元 9 世纪，新一代“野蛮民

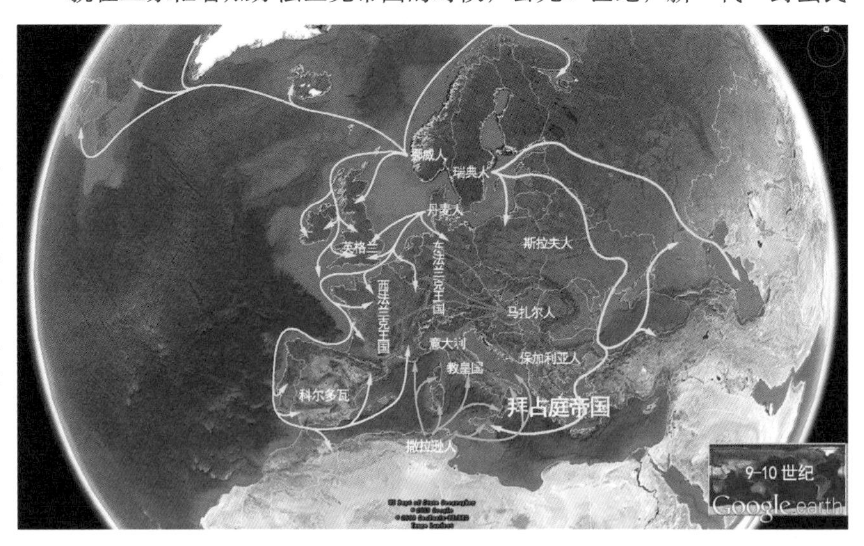

丹麦人和马扎尔人的入侵（公元 9—10 世纪）

㊀ 洛林这个地名就出自洛泰尔二世的名字。其当时的范围包括今天的荷兰、比利时、卢森堡三国，德国的北莱茵—威斯特法伦、莱茵兰—普法尔茨和萨尔三个州，以及因都德的《最后一课》而为我们熟知的法国洛林省。

族”——北方的维京人（Vikings）和东方的马扎尔人（Magyars）㊀——又开始大举入侵西欧，而居住在非洲沿海的穆斯林撒拉逊人（Saracens）㊁也不断对高卢南部和意大利发动海盗劫掠。法国历史学家伊波利特·丹纳（Hippolyte Taine，1828—1893）有个很生动的比喻：“当时的情形有如在宫殿的帐帷桌椅之间放进一群野牛，一群过后又是一群，前面一群留下的残破的东西，再由第二群的铁蹄破坏干净；一批野兽在混乱的环境中喘息未定，就得起来同狂嗥怒吼、兽性勃勃的第二批野兽搏斗。”[10] 被一再分割而严重削弱的法兰克帝国的继承者们无力抵抗，曾经由查理大帝一度恢复的各级政府组织和秩序再一次完全消失了。在每一个地方，人人都各自为政，较为弱小的势力不得不以附庸的形式投靠较为强大的势力，逐渐形成具有西欧中世纪特色的封建附庸体制。

公元1000年，随着生活在欧洲边缘地带的各个民族逐渐步入定居文明，大规模的“蛮族”迁徙浪潮终于停止了。在这样的背景下，西欧社会渐趋安定，经济稳步增长，人口不断增加，新型的自治城市在许多地方开始形成。到11世纪后半叶时，西欧终于又出现了久违的繁荣景象。黑暗时代仿佛一下子结束了。在教会的指引下，曾经受尽苦难的人们怀着对上帝无比崇敬和感激的心情以前所未有的热情投

修建教堂（作于15世纪）

㊀ 维京人生活在北欧的斯堪的纳维亚地区，主要由丹麦人、挪威人和瑞典人组成。马扎尔人最初生活在欧亚分界线的乌拉尔山一带，以后迁徙到多瑙河流域。在多次入侵西欧最终被击败后就定居在今天的匈牙利，又被称为匈牙利人。

㊁ 中世纪欧洲人将生活在北非的穆斯林通称为撒拉逊人，意思是异教的野蛮人。

入到各自教区教堂的建设中去。生活在那个时代的本笃会修道士格拉贝这样记述道："当千年后的第三个年头走进之时，几乎各地的教堂建筑都在整修翻新。竞赛之风促使每个基督教团体想方设法拥有比别家更宏伟的教堂。世界焕发精神，脱去破敝旧衣，处处换上了教堂的白袍。"[11]

由于这时的建筑是从古罗马帝国的废墟中、在罗马时代的结构和形式基础上创造和发展起来的，所以在 19 世纪人们热衷于对艺术史进行科学划分的时候，就将其称为"罗马风"建筑（Romanesque Architecture）。

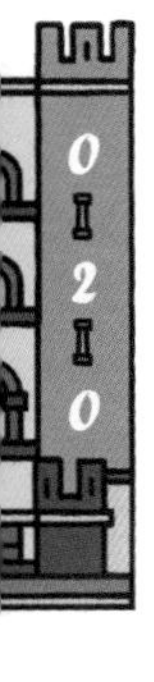

第二部

罗马风时代

第二章 德国罗马风建筑

『你要是赢得了皇帝的冠冕，就能使所有的王国都臣服于你。』

2-1 从东法兰克王国到德意志王国

公元 900 年，日耳曼人路易的曾孙成为东法兰克国王，因其即位时年仅 7 岁，被称为“童子”路易（Louis the Child，900—911 年在位）。他刚刚登基，一支来自东方凶悍的野蛮民族马扎尔人就大举入侵。“童子”路易无力领导人民抵抗入侵，于是国家惨遭蹂躏，分崩离析。公元 911 年，“童子”路易去世，加洛林家族在东法兰克绝嗣。已经习惯了自主自立的诸侯们不愿意再服从仍在西法兰克当政的查理大帝其他分支的统治，于是他们决定自行选举一位新的国王。虽然这个国家在以后很长时间里的正式称呼都还是法兰克王国，但是对于生活在这里的各个日耳曼部族来说，他们已经与生活在西法兰克王国的那些部族不再相连，而是自成一体，成为具有共同意识的德意志民族（Deutsche）㊀，德意志王国实际上就此诞生。

㊀ Deutsche 是德国人的自称，汉译德意志的由来。历史上最早出现这个词是在公元 8 世纪，是东法兰克地区日耳曼族的一种方言，意思是“人民”。

公元919年，萨克森[㊀]公爵“捕鸟者”亨利（Henry the Fowler，919—936年在位）被推选为国王。他是第一位非法兰克部族出生的德意志国王。在他和他所开创的萨克森王朝（Saxon Dynasty，919—1024）的领导下，德意志各部族重新团结起来，击退了马扎尔入侵者，并趁势将基督教信仰推广到东方的斯拉夫人族群中去。从这时起，德意志民族终于不再是被动地站在西方文明的边缘，而是成为基督教世界扩张的强有力的推动力量。

公元951年，在制服了德意志各诸侯之后，“捕鸟者”亨利的儿子奥托一世（Otto I，936—973年为德意志国王，962—973年为神圣罗马帝国皇帝）趁乱入侵意大利，试图恢复法兰克王国对意大利的统治。公元962年，奥托一世在罗马圣彼得大教堂被教皇约翰十二世（Pope John Ⅻ，955—963年在位）加冕为皇帝。从此以后，西罗马帝国的皇位就留在了德意志民族。虽然其国号与之前的罗马帝国没什么不同，但是为了与旧罗马帝国相区别，历史学家将其称为神圣罗马帝国（Holy Roman Empire）。

神圣罗马帝国（公元962年）

㊀ 萨克森人（Saxons）是日耳曼民族的一支，生活在今天德国西北部靠近日德兰半岛的地方，公元8世纪末被法兰克部族的查理大帝征服。该部族的一部分人早在公元5世纪时就趁着罗马军团撤出而入侵不列颠岛。在中文史学界中，为了与留在本土的萨克森人相区别，而将这部分从此生活在不列颠岛的人群译为“撒克逊人”。

2-2

盖恩罗德的圣西里亚库斯教堂

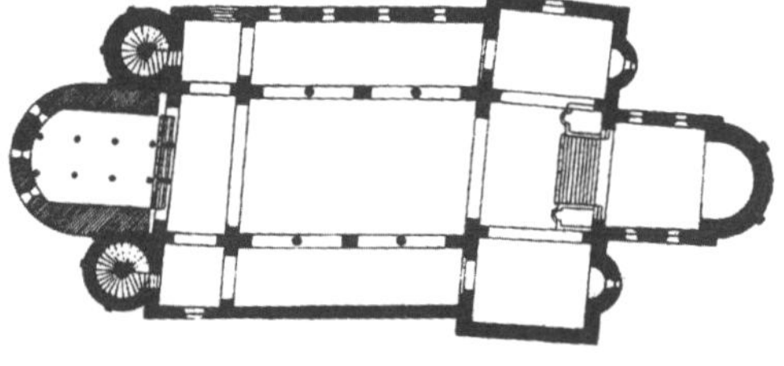

圣西里亚库斯教堂剖面图和平面图

圣西里亚库斯教堂中厅，向圣坛方向看（摄影：C. Shier）

圣西里亚库斯教堂西北方向鸟瞰

奥托大帝时代留存的建筑遗物不多，位于盖恩罗德（Gernrode）的圣西里亚库斯教堂（Saint Cyriakus）是其中之一。

这座教堂建于公元959年。它的最大特点就是在“巴西利卡”的西端建造了一座高大的西部结构，这是这种结构在巴西利卡教堂上的首次出现。西部结构两侧各有一座塔楼。其内侧还有一个横厅，与东部横厅遥相呼应。12世纪的时候，在西部结构外又建造了一座新的圣坛。这样一种双横厅、双圣坛和高大西部结构的做法以后成为德国罗马风教堂的基本特征。

2-3 施派尔大教堂

1024年，萨克森王朝最后一位皇帝亨利二世（Henry Ⅱ，1002—1024年在位）无嗣而终。经过选举，作为奥托大帝女系后代的康拉德二世（Conrad Ⅱ，1024—1039年在位）当选为新的德意志国王兼意大利国王，并在随后前往罗马由教皇加冕为神圣罗马帝国皇帝，建立了萨利安王朝（Salian Dynasty，1024—1125）。

萨利安王朝世系：坐在宝座上的是康拉德二世，其右手上下分别为亨利三世和亨利四世，左下角为亨利五世

1030年，康拉德二世下令在他的家乡施派尔（Speyer）建造一座大教堂。这座当时只有大约500名居民的小镇，其前身可以追溯到罗马帝国奥古斯都时代建造的一座军营。康拉德二世决心要把这座建筑建成全欧洲最大的教堂，以此彰显帝国皇权的伟大。这座教堂最终在他的孙子亨利四世（Henry Ⅳ，1056—1105年在位）手上建成。包括康拉

施派尔大教堂东北方向鸟瞰

施派尔大教堂中厅，向圣坛方向看

施派尔大教堂拱顶局部

德二世在内，先后有8位德意志国王兼皇帝死后被安葬在这里。㊀

这座教堂采用拉丁十字平面，总长度134米、总宽度37.6米，其中中厅宽14米、高33米。中厅内侧立面仿效相距不远的城市特里尔（Trier）公元4世纪初建造的君士坦丁巴西利卡（Basilica of Constantine）的外立面样式，以便能与那位伟大的罗马皇帝联系起来。中厅屋顶初建的时候为木架平顶，后来在亨利四世时代改为用砖石材料砌筑的交叉拱顶（Groin Vault）。这种技术最早是在罗马帝国时代发明出来的，经过漫长时间的“弃置后”，如今在施派尔得到恢复。采用石质的交叉拱顶之后，不但能够有效地起到防火作用，而且能够让室内空间高度较平屋顶显著提升，看上去更加恢宏壮观。

㊀ 在信众聚集的场所安葬死者是基督教时代才出现的现象。基督教信众们相信，圣徒和殉道者并没有真正死去，与他们接近能够更容易获得他们的庇佑。这样一种心理因素最终战胜了希腊与罗马传统上对死者会污染环境的恐惧。

这座教堂的西端也建有宏大的“西部结构”，与代表教会的东部横厅相呼应，一同构成高大的城堡形象，象征世俗政权与教会携起手来，共同抵抗邪恶势力。就像英国艺术史家恩斯特·贡布里希(Ernst H. Gombrich，1909—2001）所评论的那样：“基督教建立的这些强大甚至挑战姿态的岩石建筑，坐落在刚刚从异

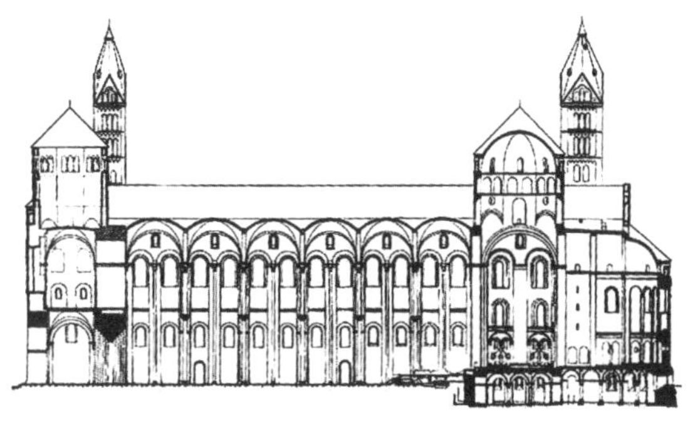

施派尔大教堂剖面图

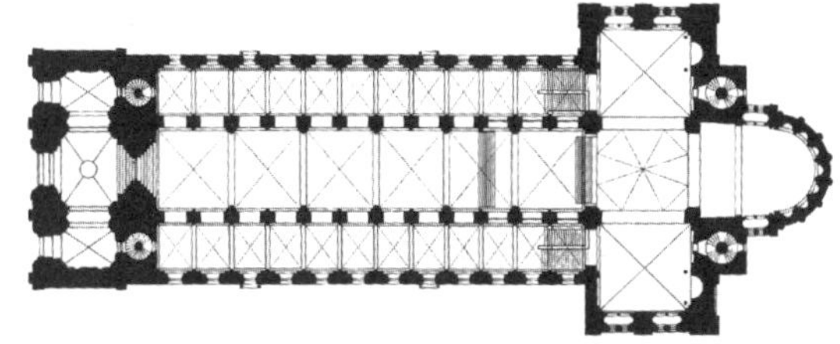

施派尔大教堂平面图

施派尔大教堂西侧外观，中央大门上方有一个象征天国的玫瑰窗

教生活方式转变过来的农民、武士的土地上，似乎就在表白基督教正在战斗——在人间跟黑暗势力战斗，直到最后审判之日的胜利黎明到来为止，这就是基督教的使命。”[12] 173

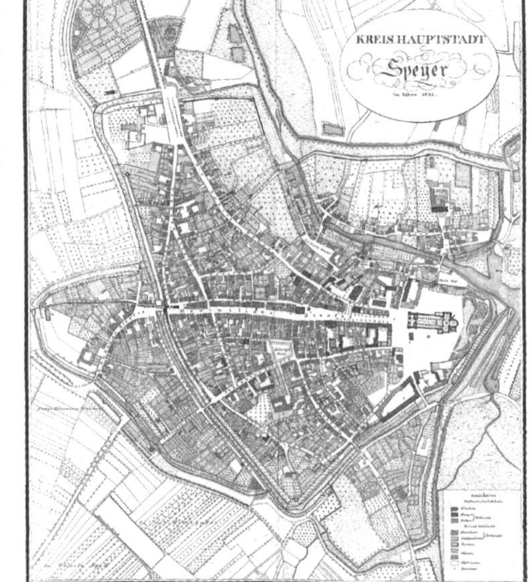

施派尔地图（1821 年）

在施派尔大教堂建造过程中，这座小镇逐渐兴旺起来，其主要建筑都分布在通往大教堂的三条放射状大道的两旁。这样形成的城市格局与古罗马有条不紊的城市规划有很大区别。在中世纪那样一个国家秩序消散、社会动荡不安的岁月里，坚固的修道院和大教堂是捍卫人们正常生活的保障，具有无法抗拒的磁性。

2-4 玛利亚·拉赫修道院教堂

玛利亚·拉赫修道院教堂西北侧外观

1093 年开始建造的玛利亚·拉赫修道院教堂（Maria Laach Abbey），其东部横厅左右两侧分别建有一座圣坛，形成东端并列三圣坛的新格局。这座教堂也具有显著的西部结构，西部结构外也建造了一座圣坛。在西部结构的两侧各建有一座圆形塔楼，它们与东部圣坛两侧的塔楼相呼应，再加上两个十字交叉部顶端的塔楼，在外观上形成双横厅、双圣坛、六塔楼的德国罗马风教堂经典造型。

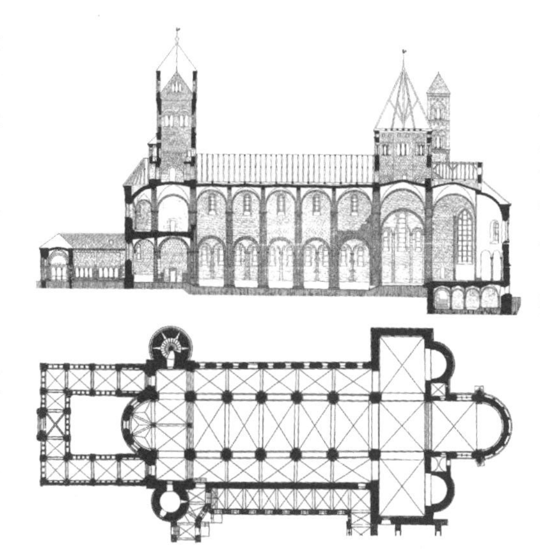
玛利亚·拉赫修道院教堂剖面图和平面图

这座教堂的中厅也是采用交叉拱顶建造，但是与施派尔大教堂拱顶中央向上隆起不同，它的拱顶呈现平滑相连，而且因为纵向开间较小，所以未在开间中央设置壁柱，使得空间造型更加简洁。

玛利亚·拉赫修道院教堂中厅，向圣坛方向看

2-5 希尔德斯海姆的圣米迦勒教堂

圣米迦勒教堂南侧外观

圣米迦勒教堂内部，向圣坛方向看（摄影：J.S.Kimm）

希尔德斯海姆（Hildesheim）的圣米迦勒教堂（St. Michael's Church）建于1010—1031年，是德国早期罗马风教堂的杰出代表，它的设计者是伯恩沃德大主教（Bernward，960—1022）。在那个时代，教会几乎是唯一的知识传播场所，作为综合性艺术的建筑建造也是修士们的必修课，因而许多修士同时也是建筑家。

这座教堂的中厅采用传统的木桁架平顶构造。天花板上有一幅长27.6米、宽8.7米的天顶画——《耶西之树》（Tree of Jesse，表现耶稣的历代祖先），作于1230年，是极为珍贵的中世纪绘画作品。

圣米迦勒教堂天顶画

这座教堂也具有显著的西部结构，其外建造了一座大型圣坛。在东部的两条侧廊尽端也各建造了一座圣坛，形成并列三圣坛的布局。其东、西两座横厅的两端都建有圆形塔楼，与两个十字交叉部顶端的方形塔楼一起，在外观上也呈现出双横厅、双圣坛、六塔楼的德国罗马风经典特征。

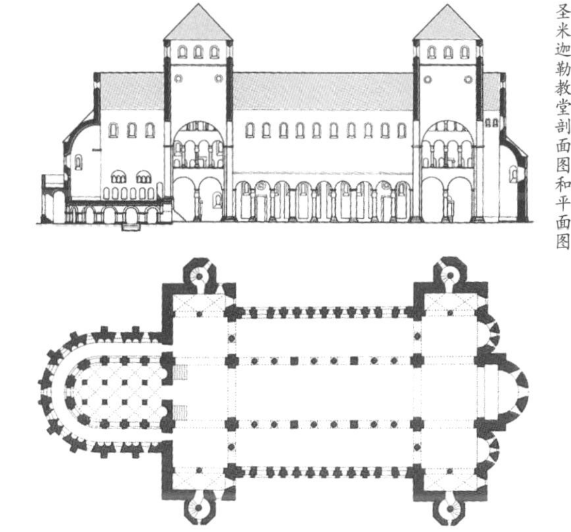
圣米迦勒教堂剖面图和平面图

2-6 特里尔大教堂

特里尔（Trier）是一座曾经扮演过重要角色的历史名城。在戴克里先（Diocletian，284—305 年在位）实行四帝共治的时期，

公元4世纪的特里尔城，大教堂位于画面左侧（作者：J. C. Golvin）

特里尔是帝国西部副皇帝君士坦提乌斯（Constantius，293—305 年为副皇帝，305—306 年为皇帝）的驻节地，管辖高卢、西班牙和不列颠。在他去世后，他的儿子君士坦丁重新统一了罗马帝国，并在母亲海伦娜（Helena，246—330）的影响下皈依了基督教，成为第一位信奉基督教的罗马皇帝。

公元 4 世纪时的特里尔大教堂（作者：L. Dahm）

公元 314 年，海伦娜将自己的住宅捐献出来，在这个基础上建造了特里尔的第一座大教堂。在这之后，教堂的规模不断扩大，很快就成为一个由四座巴西利卡构成的大型教堂建筑群。

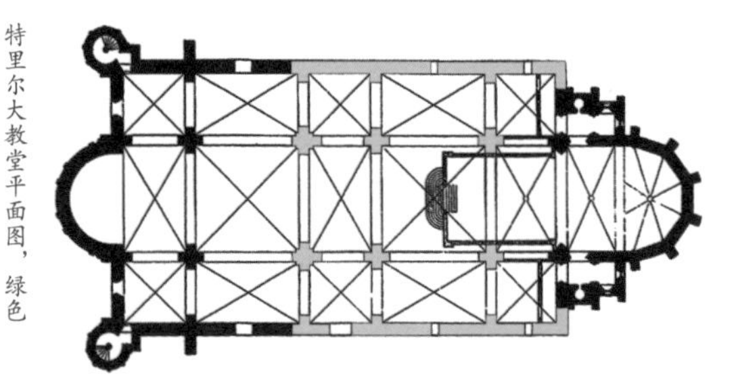

特里尔大教堂平面图，绿色部分为公元 4 世纪遗迹

在野蛮人大举入侵的年代，旧教堂遭到严重破坏，只剩少数墙体留存。公元 993 年，特里尔大主教决定重建这座建筑。工匠们保留了原本为正方形平面的旧教堂开间特征，然后巧妙地在西侧予以复制，使之最终呈现“a-B-a-B-a”的独特空间节奏。教堂的西部结构完成于 11 世纪中叶，具有浓郁的德国罗马风特征。而中厅和东部圣坛则到 12 世纪末才全部完工，那个时候已经开始进入哥特时代了。

特里尔大教堂西侧外观，右侧为另一座教堂

2-7

美因茨大教堂

美因茨（Mainz）也是德国历史最悠久的城市之一，曾经是罗马帝国上日耳曼尼亚行省的首府。公元722年，英国传教士圣波尼法爵（Saint Boniface，675/680—754）出任美因茨主教。他积极投身莱茵河以东地区日耳曼民族的传教事业，被称为“日耳曼人使徒”（Apostle of the Germans）。公元748年，美因茨升格为大主教驻地，成为向德意志民族传播基督教的中心。在后来的岁月中，美因茨大主教一直扮演着德意志总主教和最高司法官的尊贵角色，其影响力仅次于国王。

公元975年，大主教威里吉斯（Willigis，940—1011）下令修建新的大教堂。建造工程持续了两个多世纪。它的内部已经具有哥特时代的特征，而外观则仍然保持着德国罗马风雄伟的气势。

波尼法波尼法爵砍倒日耳曼人圣橡树（B. Rode作于18世纪）

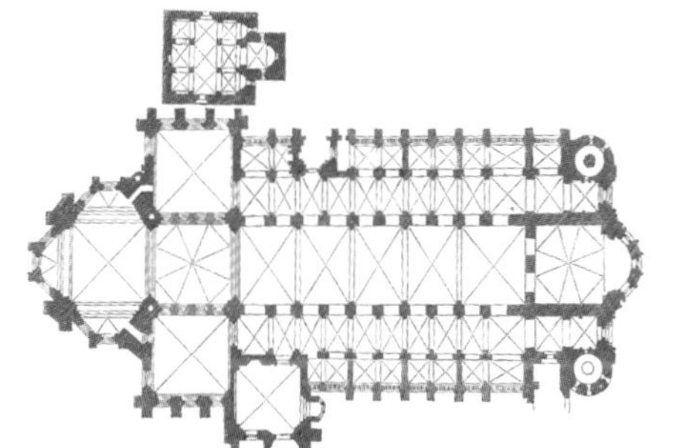

美因茨大教堂平面图

美因茨大教堂南侧远眺

2-8 沃尔姆斯大教堂

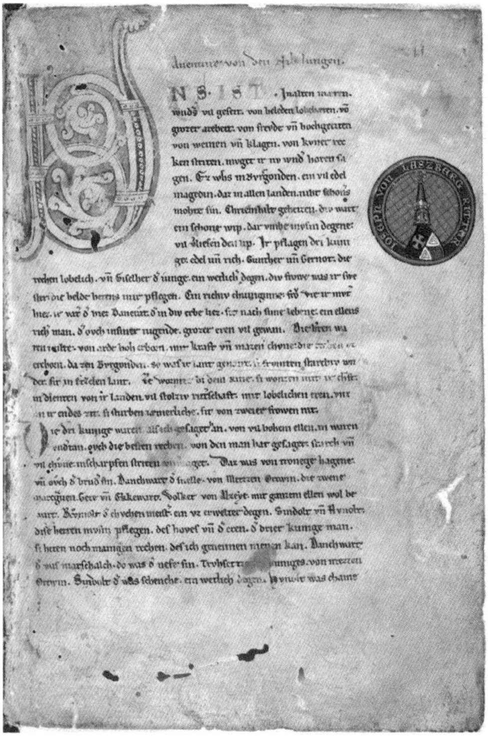

《尼伯龙根之歌》手抄本第一页（作于1230年）

Auentiure von den [illegible]lungen.

NS·IST· In alten mæren.
wund' vil geseit. von heleden lobebæren. vō
grozer arebeit. von frevde vñ hochgeziten
von weinen vñ klagen. von kuner rec
ken striten. muget ir nv wund' horen sa
gen. Ez whs in Burgonden. ein vil edel
magedin. daz in allen landen. niht schons
mohte sin. Chriemhilt geheizen. div wart
ein schone wip. dar vmbe mvsin degene
vil verliesen den lip. Ir pflagen dri kuni
ge. edel vñ rich. Gunther vñ Gernot. die
rechen lobelich. vñ Giselher d' iunge. ein werlich degen. div frowe was ir swe
ster. die helde hetens mit pflegen. Ein richiv chuniginne. frō Vte ir mvt
hiez. ir vat' d' hiez Dancrat. d' in div erbe liez. sit nach sime lebene. ein ellens
rich man. d' ovch in siner iugende. grozer eren vil gewan. Die herren wa
ren reiche. von arde hoh erborn. mit kraft vñ maze[n] chvne. die [illegible]
erkorn. da zen Burgonden. so was ir lant genant. si frumten starchiv wun
der. sit in Etzelen lant. Ze Wormze bi dem Rine. si woneten mit ir chraft.
in dienten von ir landen. vil stolziv ritterschaft. mit lobelichen eren. vnz
an ir endes zit. si sturben iamerliche. sit von zweier frowen nit.
Die dri kunige waren. als ich gesaget han. von vil hohem ellen. in waren
vndertan. ovch die besten rechen. von den man hat gesaget. starch vñ
vil chvne. in scharpfen striten [illegible]. Daz was von Tronege Hagene.
vñ ovch d' brud' sin. Danchwart d' snelle. von Metzen Ortwin. die zwene
marcgraven. Gere vñ Ekkewart. Volker von Alzeye. mit ganzem ellen wol be
wart. Rvmolt d' chvchen meist'. ein vz erwelter degen. Sindolt vñ Hvnolt.
dise herren mvsin pflegen. des hoves vñ d' eren. d' drier kunige man.
si heten noch mangen rechen. des ich genennen niht en kan. Danchwart
d' was marschalch. do was d' neve sin. Truhsez [illegible] kuniges. von Metzen
Ortwin. Sindolt d' was schenche. ein werlich degen. Hvnolt was chamr

沃尔姆斯（Worms）也是德国历史名城。在蛮族大举入侵罗马帝国的时代，这里曾经被当作勃艮第人的首府。公元436年，罗马军队联合匈奴人一起攻陷城市，杀死勃艮第国王。这一事件后来成为德语史诗《尼伯龙根之歌》（Nibelungenlied）的故事背景。

中世纪时，沃尔姆斯也曾经多次扮演重要角色。1076年，在一场被称为

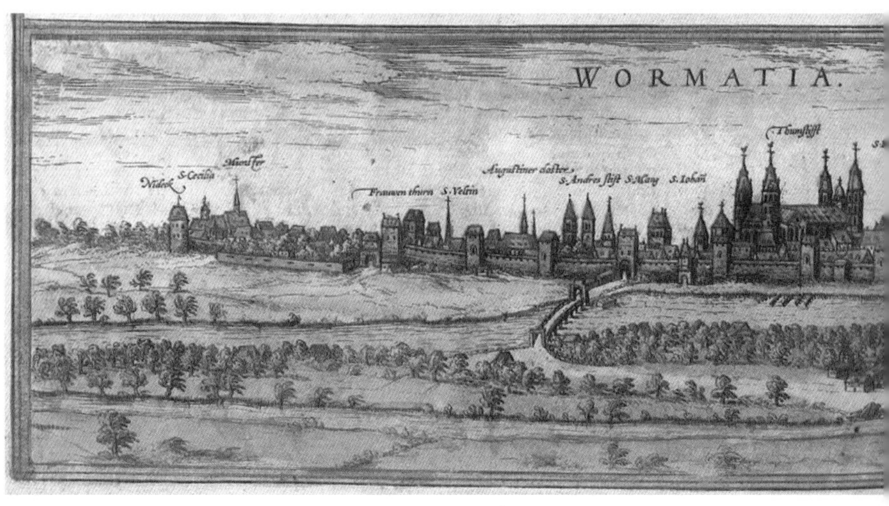

沃尔姆斯（作于1576年）

“主教叙任权之争”（Investiture Controversy）的激烈交锋中，帝国皇帝亨利四世（Henry IV，1056—1105 年在位）在沃尔姆斯主持帝国会议罢黜格里高利七世（Pope Gregory Ⅶ，1073—1085 年在位）的教皇职位。在过去，教皇和主教都是由皇帝提名任命的，而从查理大帝时代开始，皇帝也需要教皇帮助进行加冕礼，所以双方是一个相互制约的关系。但是从 11 世纪中叶开始，一些教会改革者们试图挑战这种关系。1059 年，他们趁着亨利四世幼年即位少不更事，强行修改教皇选举规则，改由教会组织的枢机团（College of Cardinals，枢机的通俗称呼是红衣主教）自行选举，从而剥夺了皇帝推选教皇的权力。教皇格里高利七世坚决支持这一改革。他本名希尔德布兰德（Hildebrand），早在还没有成为教皇之前，就是一位强有力的教会权力捍卫者，他一生最期望的事情是能够建立一个教会至高无上的基督教世界。他成为教皇后，更要进一步挑战皇帝对帝国境内各主教的任免权，从而激起已

格里高利七世像（作于 12 世纪）

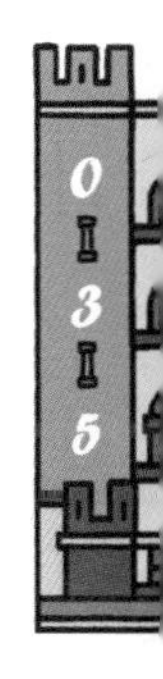

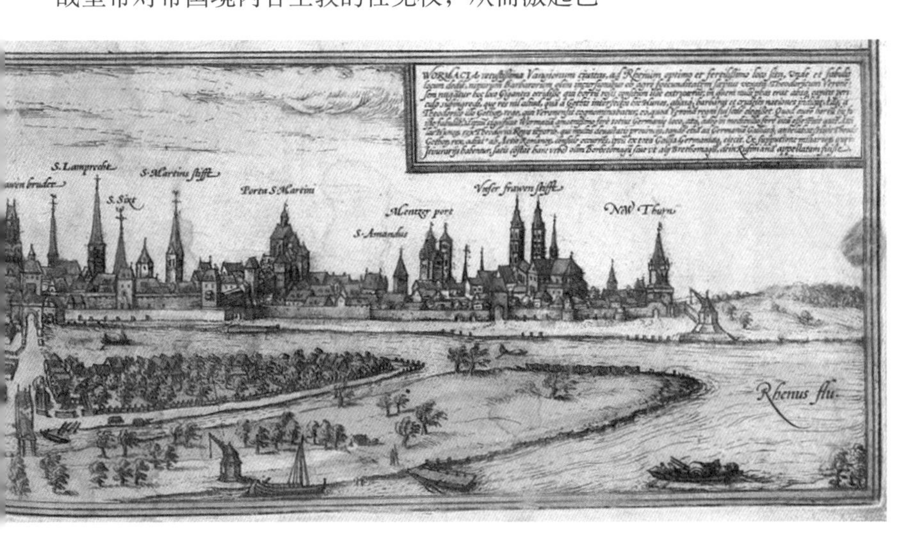

经长大成人的亨利四世的强烈愤慨。在这场争斗中，教皇与帝国境内早已不满皇帝专权的大诸侯们结为同盟，一同对抗皇帝。格里高利七世宣布开除皇帝教籍，废黜皇帝，撤销帝国臣民对皇帝的效忠宣誓。在腹背受敌的不利形势下，亨利四世不得不向格里高利七世屈服，于 1077 年 1 月大雪纷飞之际，赤足来到意大利卡诺萨（Canossa）向教皇请罪。从此以后，“到卡诺萨去”（Road to Canossa）就变为西方著名的成语，意思就是“投降”。在经过几番反复之后，1122 年，亨利四世的儿子亨利五世（Henry V，1105—1125 年在位）终于与教会在沃尔姆斯达成妥协，皇权至上的观念由此终结，而教皇的权威则达到了历史的顶点。

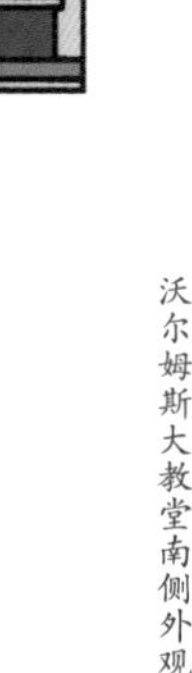

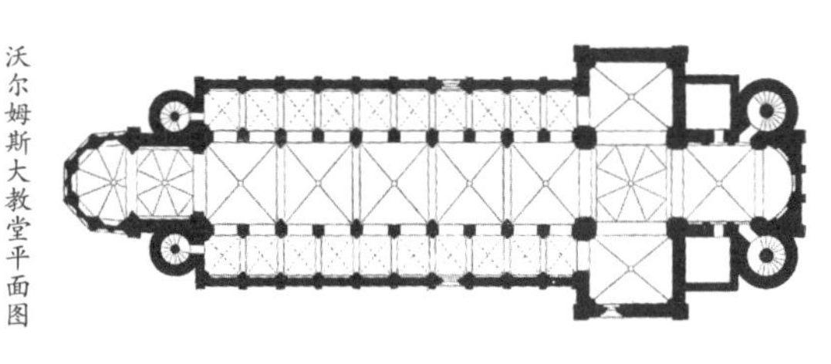
沃尔姆斯大教堂平面图

1130 年，在旧教堂倾废后，新的沃尔姆斯大教堂被建造起来。与其他几座德国罗马风教堂相比，这座教堂的主要特点在于其西部结构没有建造横厅，但仍然具有双圣坛和六塔楼的基本特征。

沃尔姆斯大教堂南侧外观

2-9
科隆的圣使徒教堂

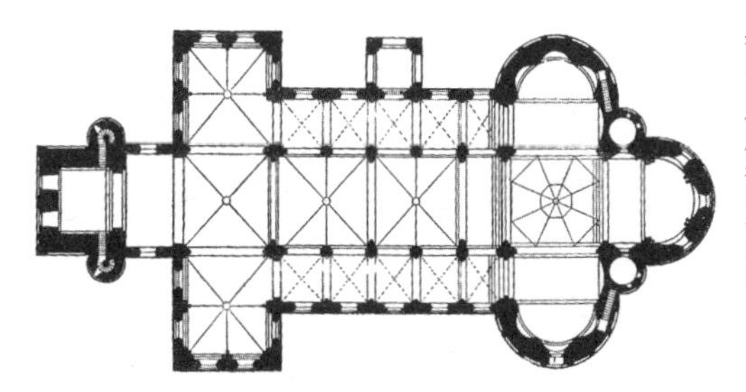
科隆圣使徒教堂平面图

献给12使徒的圣使徒教堂（Church of the Holy Apostles）是科隆（Cologne）现存12座罗马风教堂之一。这座教堂比较特殊的地方是其东横厅，两端都做成圣坛，与中央主圣坛共同形成别致的三叶式（Trefoil）平面。教堂的西端只建有一座高塔。

科隆圣使徒教堂西南方向鸟瞰

2-10
戈斯拉尔皇宫

位于德国中部的戈斯拉尔（Goslar）是一座保存良好的中世纪小城，其附近有一座银矿。为了能够更有效地控制这个地方，康拉德二世开始在这里修建皇宫（Kaiserpfalz），最终在他的儿子亨利三世（Henry Ⅲ，1039—1056年在位）的时代建造完成，成为当时神圣罗马帝国的政治中枢。

戈斯拉尔皇宫，左侧为宫廷礼拜堂

戈斯拉尔皇宫内部现状，中央靠墙部位原为宝座所在

这座堪称是最大也是保存最为完好的 11 世纪皇家建筑长 54 米、宽 18 米，内部是设有单排柱列的巴西利卡大厅，中央设有一道横拱用以突出皇帝宝座。宝座的靠背和扶手都用青铜铸造。这是除了亚琛的查理大帝宝座之外，中世纪仅存的皇帝宝座遗物，后来在 1871 年德意志帝国（German Empire，或称为德意志第二帝国，德国人将神圣罗马帝国称为第一帝国）成立的时候被威廉一世（Wilhelm I，1861 年起为普鲁士国王，1871—1888 年为皇帝）拿去用在帝国国会开幕式上。

戈斯拉尔皇宫皇帝宝座的靠背和扶手

皇宫的北面与一座两层的皇家住宅相连，南面则与一座也是两层的宫廷礼拜堂相通。这座礼拜堂造型十分别致，它的下层是十字形平面，而上层则用抹角拱形成八边形。亨利三世去世后，根据他的遗嘱，他的心脏被埋在这座礼拜堂中，而遗体则被安葬在施派尔大教堂他父亲的墓地旁。

戈斯拉尔扮演神圣罗马帝国主要皇宫的角色一直到13世纪。在这之后，戈斯拉尔加入汉莎同盟，继续保持繁荣景象。在那个时代，戈斯拉尔是欧洲极少数几个能够通过水管为所有居民住房供水的城市之一。在经历了数百年的风风雨雨之后，这座城市的基本布局以及大约1500座老建筑都很好地保存下来，其中有许多是具有浓郁德国特色的木构架建筑。

戈斯拉尔宫廷礼拜堂，中央为亨利三世棺木，里面葬有他的心脏（摄影：E. Meier）

戈斯拉尔街景（摄影：R. Fotos）

第三章 意大利罗马风建筑

『悲哉罗马！压迫和践踏你的国家何其之多！』

3-1 中世纪早期的意大利

意大利地区（1100年）

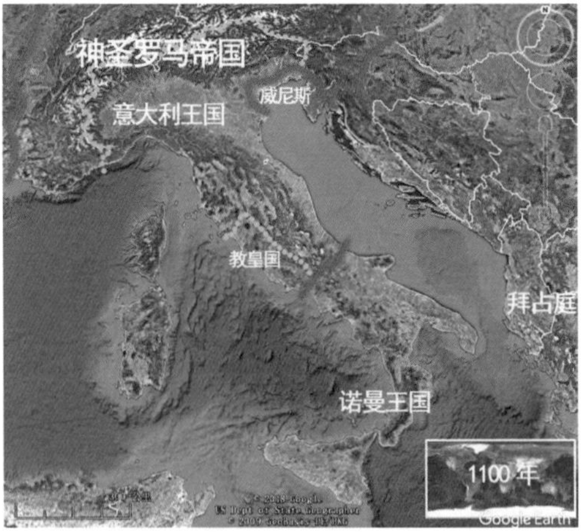

公元870年再次划分疆界之后，中法兰克王国的势力范围就只剩下意大利北部。从10世纪起，意大利北部成为以原东法兰克王国为主体的神圣罗马帝国一部分，由德意志国王兼任意大利国王。这个时候的意大利处于四分五裂的状态。北部和中部是名义上臣属于神圣罗马帝国的各城市联盟和教皇国，以及独立的威尼

斯共和国。南部先是隶属于拜占庭帝国，10 世纪初西西里岛被撒拉逊人占领，11 世纪时连同意大利南部又都被诺曼人征服。

3-2 罗马的科斯梅丁圣母教堂

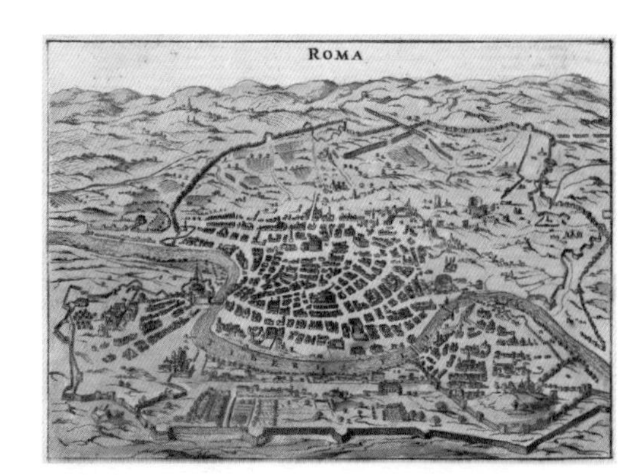

16 世纪的罗马地图，图中可以看到原罗马城墙内大量荒废的土地

作为教皇国的首府——罗马——这座曾经以为自己必定会永恒的城市，在经历了几百年不间断的蛮族劫掠、战乱和派系争斗之后，原来百万人口的豪华都市在最惨的时候只剩下几万人。虽然每一位想当皇帝的德意志军阀仍然把罗马当作是唯一能配得上神圣的皇冠加冕仪式的地方，但他们给罗马带来的往往却是更多的灾难。那时候，罗马彻底“衰退”了，除了极少数的例子以外，几乎“没有建造起任何杰出的建筑”[13]。

科斯梅丁圣母教堂西侧外观

在这样一个黑暗的时代，位于台伯河畔的科斯梅丁圣母教堂（Santa Maria in Cosmedin）㊀显得格外珍

㊀ “Cosmedin”是“美丽的”意思。

科斯梅丁圣母教堂中厅，向圣坛方向看

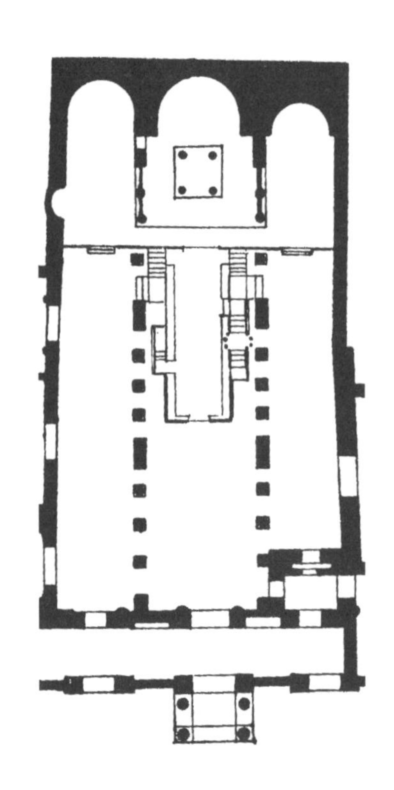
科斯梅丁圣母教堂平面图

贵，堪称是一颗名副其实的“珍宝”。这座教堂建于公元8世纪末，后来在11世纪被入侵的诺曼人破坏，而后在12世纪重建。这座教堂最大的特色就是在常规的连拱廊之间每隔4个开间就插入一段墙面，从而打破了意大利传统教堂（例如罗马的城墙外圣保罗教堂，参见《巨人的文明》第237页）的内部连续节奏感，是一种有趣的变化。

17世纪的时候，人们将一个古罗马时代的大理石井盖放在了这座教堂的门廊上。这个井盖后来成为罗马最受游客追捧的景点之一，被称为“真理之口”（Bocca della Verità）。

3-3

罗马的圣克莱门特教堂

罗马另一座重要的中世纪遗物是1108年建造的圣克莱门特教堂（Basilica of Saint Clement）。这座教堂正面朝东，这是比较少见的朝向。不过最引人关注的地方要算是在它地面下所发现的两座早期建筑遗址。换句话说，在这里有三座建筑上下叠加在一起，每一座都是将之前的建筑房间填埋了之后再在上面建造的，所以之前的房间格局都还清晰地保存着。今天游客可以通过电梯先是“下降”到公元4世纪早期基督教时代，看看那个时候建造的教堂和壁画装饰。然后通过楼梯再次“下降”到达公元1世纪——就像是穿过时空隧道一样。那个时代的人们先是在这个地方建造了一座岛式公寓。大约在公元2世纪的时候，有人又在公寓的院子里建造起一座密特拉教（Mithraism）的小神庙，它被几乎完好地保存着。

圣克莱门特教堂，向圣坛方向看

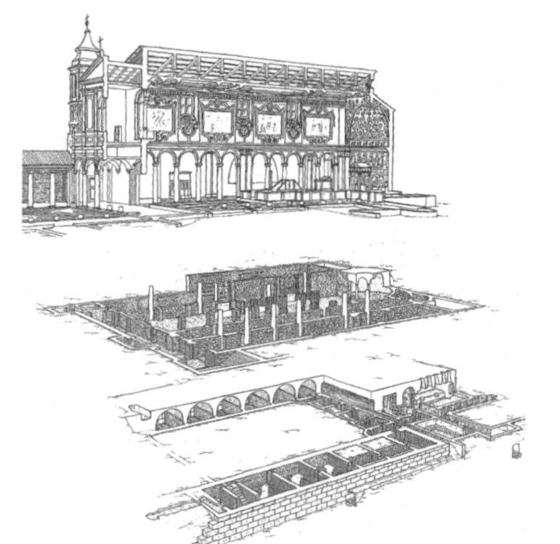

圣克莱门特教堂及其地下历史建筑遗迹（作者：V. B. Cosentino）

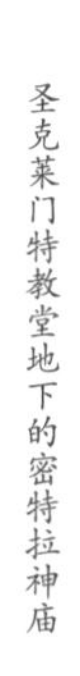

圣克莱门特教堂地下的密特拉神庙

3-4 米兰的圣安布罗乔教堂

公元4世纪米兰复原图，左侧红圈为圣安布罗乔教堂（作者：R. Arsuffi）

安布罗斯阻止狄奥多西进入教堂（A. Van Dyck 作于1620年）

米兰（Milan）是意大利北方伦巴第地区（Lombardy）[一]最重要的城市，它的建城历史可以追溯到公元前400年高卢人时期。公元286年，戴克里先实行东西分治的时候，米兰成为西罗马帝国的皇帝治所，一直到公元402年迁往拉韦纳为止。

公元390年，帝国皇帝狄奥多西一世（Theodosius I，379—395年在位）以残酷手段镇压了一座希腊城市所发生的暴乱。当时担任米兰主教的安布罗斯为此深感震惊。他以非凡的勇气要求皇帝公开向人民请罪，否则就要禁止他进入教堂参加礼拜。经过一番权势与意志的较量，皇帝终于向主教屈服，并在随后下令在帝国全境禁止异教而独尊基督教。安布罗斯后来被教

[一] 由公元6世纪侵入并定居这里的伦巴第人得名。

会尊为圣人。为了纪念他，人们把由他主持建造在城外的一座教堂改名为圣安布罗乔教堂（Basilica of Sant' Ambrogio）。他的遗骨至今仍保存在这座教堂中。

圣安布罗乔教堂西侧鸟瞰

1080 年，圣安布罗乔教堂进行重建。与德国的罗马风教堂相比，意大利没有建造西部结构的传统。在意大利，除了政治中心远在德国的那个名义上的意大利国王兼皇帝之外，并不存在能够与罗马教会分庭抗礼的势力。所以意大利教堂的主要入口立面往往就是简单的人字形或者阶梯形山墙，直接表现教堂内部的廊身分布与空间形状。这座教堂西立面的南北两侧各建有一座塔楼，其中南侧的建于公元 9 世纪，北侧的建于 12 世纪。从形态上看，这两座塔楼是与教堂主体造型相互分离的，这也是意大利罗马风教堂的特色之一。

圣安布罗乔教堂西侧外观

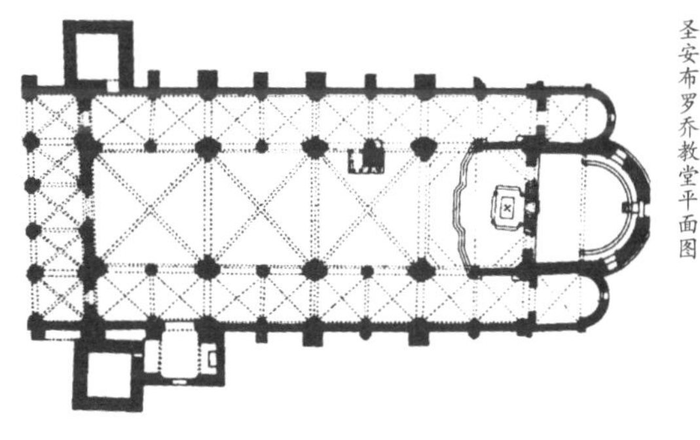

圣安布罗乔教堂平面图

圣安布罗乔教堂内部采用三廊身巴西利卡平面，没有设置横厅。三个廊身东端

圣安布罗乔教堂中厅拱顶

各设有一个半圆形后殿。

这座教堂的中厅也采用交叉拱顶覆盖。不过，与德国施派尔大教堂不同的是，圣安布罗乔教堂的建造者们决定采用新近从西班牙穆斯林清真寺那里学来的肋骨拱（Rib Vault）构造方式来建造交叉拱，并由此在教堂内部空间塑造方面产生了一些过去所没有遇到的新问题。

对于前面介绍过的施派尔大教堂和玛利亚·拉赫修道院来说，它们所采用的施工方式与古罗马时代大体相同，虽然古罗马时代使用的是混凝土材料，而施派尔使用的是石头，但都需要先制作一个整体模架，然后再在上面浇筑混凝土或者铺设石头。无论是用哪一种做法，这种类型的拱顶一般都比较厚实，自重比较大，对支撑部位所产生的水平推力作用也比较大。

圣安布罗乔教堂交叉拱顶采用新的肋骨拱构造方式建造。它的施工工序与施派尔不同，不需要制作整体模架，而是先沿着开间的各条边线以及对角线用较大的石块砌拱，然后再将拱与拱之间的空隙用较为轻质的砖或者较薄的石块予以填充。这样做，最大的好处就是拱顶的整体重量将会大

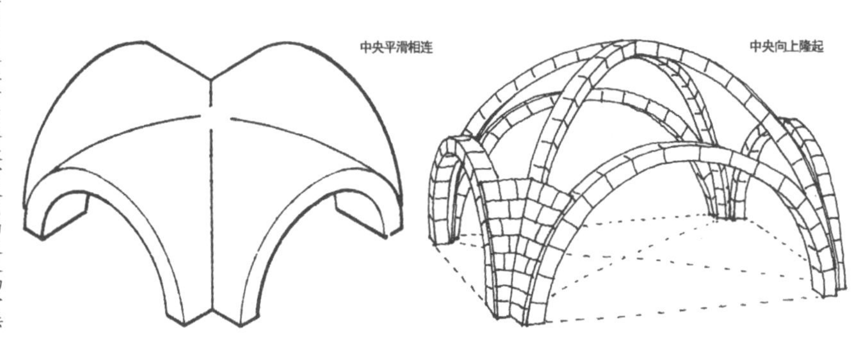

右图为圣安布罗乔教堂采用的交叉肋骨拱
左图为古罗马采用的整体模架交叉拱

大减轻，对支撑部位的水平推力也会大大降低。我们把这样形成的交叉拱称为四分肋骨拱（Quadripartite Vault）。不过它也有不足之处。对于古罗马式的整体模架浇筑混凝土交叉拱来说，它的两个方向圆拱相交所形成的椭圆形对角交线是模架铺设后自然形成的，不需要刻意去控制。而如果采用肋骨拱方式来施工，则需要先在对角线方向凭空做出椭圆形拱来，这对于当时的工匠来说是有一定困难的。所以他们就改用容易施工的半圆形加以替代。这样一来，由于对角线方向的拱肋半径要明显大于纵横两向，因而就会形成开间中央向上隆起的形状，与古罗马交叉拱具有很不相同的造型特征。

古罗马时代的交叉拱空间形象（C. R. Cockerell 作于 1845 年）

不论是在施派尔大教堂，还是米兰圣安布罗乔教堂，在采用了这种正方形或者接近正方形开间的交叉拱结构之后，其纵向开间间距较传统木架屋顶巴西利卡明显拉长，每个支柱所承担的荷载大大增加，于是支柱的

圣安布罗乔教堂内部，向圣坛方向看

横截面尺寸就必须显著增大。这样一来，传统比例的古典柱式就不再适用了。在圣安布罗乔教堂中，单一的支柱被由看似支撑不同方向拱肋的“附柱”（Shaft）所组成的“束形柱”（Clustered Piers）所取代。与此同时，为了加强中厅与侧廊的区分，又在相邻的束形柱间增加了一个较小的支柱，兼作支撑侧廊上方二层走廊之用。

拉韦纳的新圣阿波利纳尔教堂内部

在这些变化的共同影响下，我们曾经在那些早期的巴西利卡教堂——例如左图所示拉韦纳的新圣阿波利纳尔教堂——所感受到的由整齐划一的柱列所形成的类似“a-a-a-a-a”的均匀节奏感就被打断，而演变为“A-b-A-b-A”的间歇式节奏，指向圣坛的空间聚焦感由此受到明显削弱。这不能不说是一种缺陷。

圣安布罗乔教堂剖视图（作者：F. Corni）

不过任何事情的发展都是两个方面的，有失也有得。由于束形柱和拱肋的应用，又使得教堂内部出现了一种指向上方的新型空间感受。并且由于交叉肋骨拱沿对角线方向跨越，就将原本独立存在的墙面和天花连接成为一个有机整体。这样一来，建筑的艺术表现就不再拘泥于面的组合，而是可以成为整体的结构表演。换句话说，在这座圣安布罗乔教堂中我们可以看到，建筑的内部空间正在由古罗马式的静态和早期基督教堂的二维动态向真正的三维空间转化。[14] 这种变化将在哥特建筑中得到完全实现。

3-5 帕维亚的圣米迦勒教堂

帕维亚（Pavia）也是伦巴第地区的历史名城。公元6世纪伦巴第人入侵意大利后，帕维亚成为伦巴第王国首都，直到两百年后被查理大帝的法兰克帝国吞并。此后，帕维亚仍然长期扮演法兰克帝国和神圣罗马帝国属下意大利王国首都的角色。

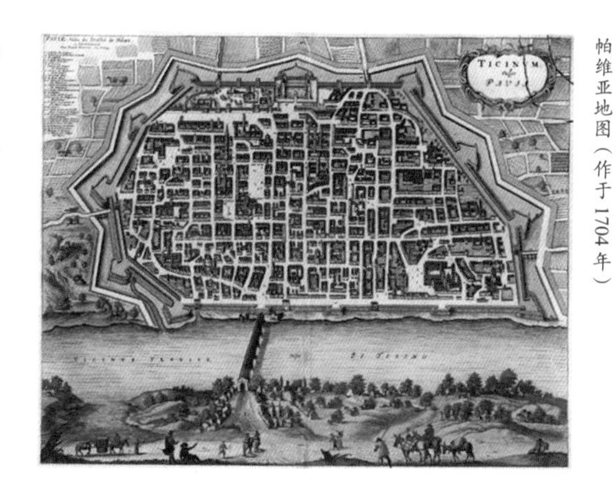

帕维亚地图（作于1704年）

位于帕维亚城南的圣米迦勒教堂（Basilica of San Michele Maggiore）原是伦巴第王国的宫廷礼拜堂，11世纪被火烧毁后重建，于1155年建成。它的中厅构造与米兰圣安布罗乔教堂相

圣米迦勒教堂剖面图

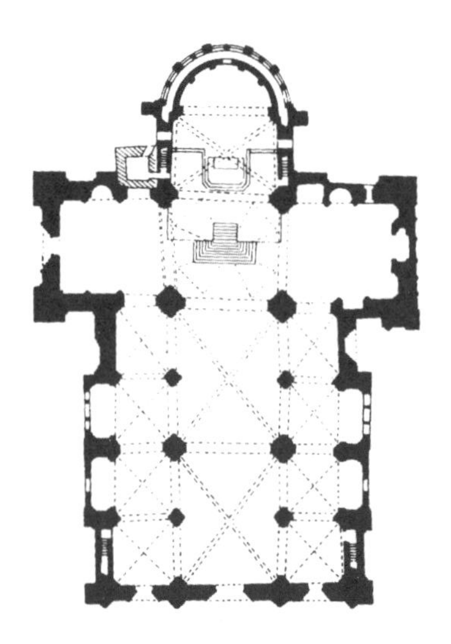
圣米迦勒教堂平面图

似，也是开间中央向上隆起的四分交叉肋骨拱。

教堂的立面也是人字形的。其入口凹入壁龛式列柱设计是伦巴第首创。在山墙檐口之下的连续假券（Blind Arcade）装饰最早也是在这里流行起来的，所以被称为“伦巴第券带”（Lombard Band），以后与凹入壁龛式大门设计一道流传到欧洲其他地方，成为罗马风建筑最常见的装饰符号。

圣米迦勒教堂西侧外观

3-6 摩德纳大教堂

摩德纳（Modena）也是一座有着悠久历史的北方城市，城市布局至今依然保持古罗马时期的网格特点。它同时也是意大利最负盛名的汽车城，法拉利、玛莎拉蒂等世界名车的总部就设在这里。

摩德纳，右上角黄色建筑为法拉利博物馆

城市中最为醒目的大教堂建于1099年。西立面呈现出三段阶梯式山墙构造，与内部三个殿身高度相呼应。它的中厅前后端都有较小的尖塔，在“歌坛”北侧还有一座较大的塔楼。

教堂的平面与圣安布罗乔教堂十分相似，也是三后殿样式，横厅不明显，柱廊也是“A-b-A-b-A”式的。但它的中厅高度较圣安布罗乔教堂为高，因而得以在双层侧廊上方的墙面上开窗采光，使中厅侧墙呈现三层构造。不过其二、三层窗洞面积较小，相比之下，墙面显

摩德纳大教堂解剖图（作者：A. R. di Gaudesi）

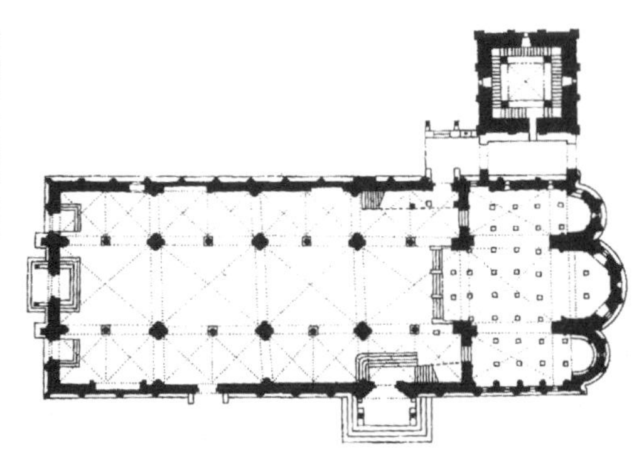

摩德纳大教堂平面图

得比较厚重，使空间呈现静穆和安定之感。这几乎是所有罗马风建筑给人的共同感觉。

大教堂周围的广场群非常有特点。大教堂以不同的方式参与不同广场的气氛营造——有的是作为主角，有的是作为配角。卡米诺·西特（Camillo Sitte，1843—1903）在评价这种类型的广场群设计时说："几个组合在一起的广场对于从一个广场进入另一个广场的人会产生何等深刻的印象啊！步移景异，使我们得到变化无穷的感受。"[15] 不仅是每个广场都有不同的景色，单单俯瞰这个广场群，仿佛就能体会到它的每一个角落都有完全不同的故事。这些故事随时都在上演，每一个故事的主人公都不一样，每一个故事都让人感动。与建造一个大型单体广场相比，对于居民人数较多、有较大广场活动需求的城市而言，建造由若干个相互间存在某种联系的较小广场所组成的广场群，能够同时实现多种选择。选择的自由是非常重要的，不论对于居民而言，还是对于城市而言，都是如此。

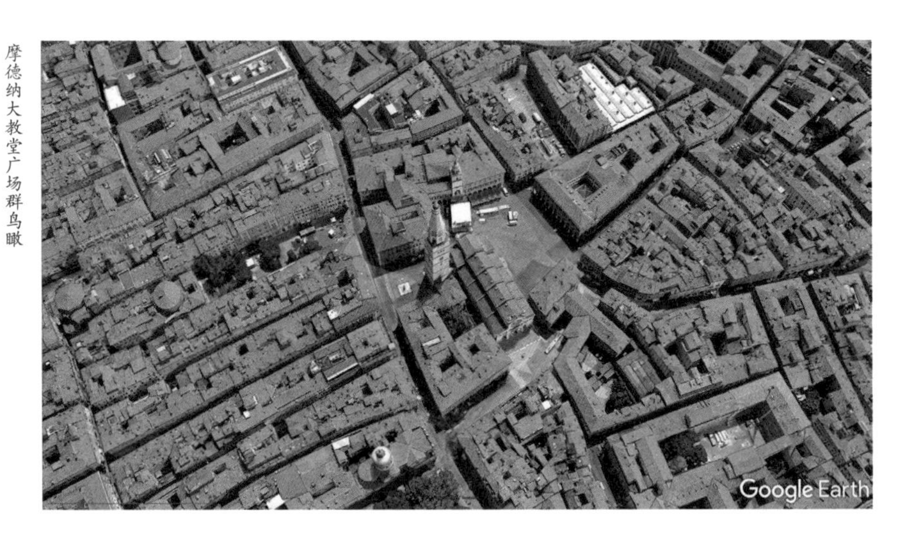

摩德纳大教堂广场群鸟瞰

3-7

维罗纳大教堂

维罗纳大教堂（Verona Cathedral）建于1117年，西立面也是呈现三段阶梯式山墙构造。这个立面上的华盖式门廊设计很有特点，大门两侧采用伦巴第式的向内层层凹进的壁龛式列柱设计，雕塑家尼科洛（Nicholaus）在这个基础上首次加上了人像雕刻。这种提炼升华的结果，将在后来的法国哥特教堂中大放光彩。

维罗纳大教堂西侧外观

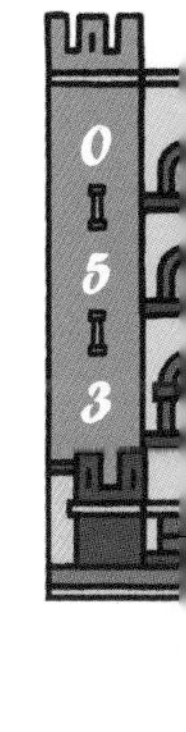

维罗纳大教堂西立面局部

3-8 佛罗伦萨的圣米尼奥托教堂

圣米尼奥托教堂西侧外观

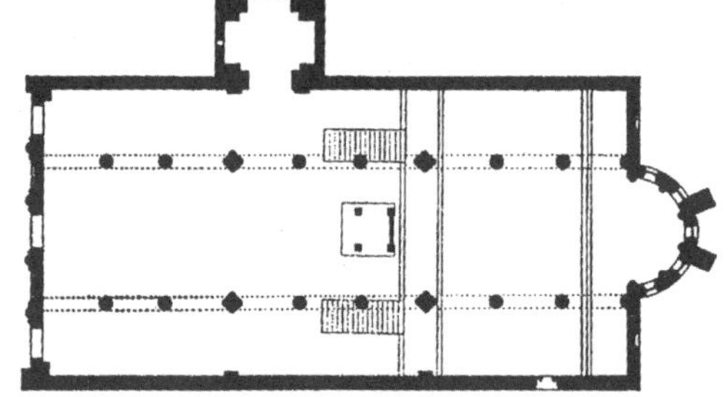

圣米尼奥托教堂平面图

圣米尼奥托教堂中厅，向圣坛方向看

因花得名的佛罗伦萨（Florence）是中世纪意大利城市快速发展的缩影。位于城市南郊的圣米尼奥托教堂（Basilicadi San Miniato al Monte）约建于1013年，是一座典型的意大利罗马风建筑。其阶梯式西立面用大理石和马赛克镶嵌成精美的图案，是佛罗伦萨所在的托斯卡纳地区（Tuscany）极有特色的做法。

教堂的内部装饰也是极尽华丽，墙上地面都满布马赛克镶嵌画。教堂没有横厅，东端有一个抬高的地下室，里面是圣徒的棺木。中厅仍然采用木桁架屋顶和连拱廊，但每隔三个开间就有一个由束柱支撑的横向拱跨，使之呈现一种特别的“A-b-b-A-b-b-A”的间歇式的节奏。如同罗马的科斯梅丁圣母教堂一样，这也是一种有别于早期教堂直线式透视感受的有趣做法。

3–9

比萨大教堂

比萨（Pisa）也是托斯卡纳地区一座历史悠久的城市。在11世纪的时候，作为意大利四大海上共和国（Maritime Republics）[一]之一，比萨到达了城市的历史巅峰。1063年，比萨海军在西西里岛打败撒拉逊人。回到比萨后，他们开始着手建造大教堂。

意大利海军军徽，下方徽记分别代表：热那亚（右上）比萨（右下）威尼斯（左上）阿马尔菲（左下）

比萨大教堂西侧外观（摄影：L.Aless）

[一] 中世纪的时候，意大利沿海曾经涌现出一批繁荣的城市共和国，主宰了地中海的海上贸易。其中最突出的有四个：阿马尔菲（Amalfi，10—11世纪曾经称霸一时）、比萨（11—13世纪）、热那亚（Genoa，11—14世纪）和威尼斯（Venice，11—16世纪）。

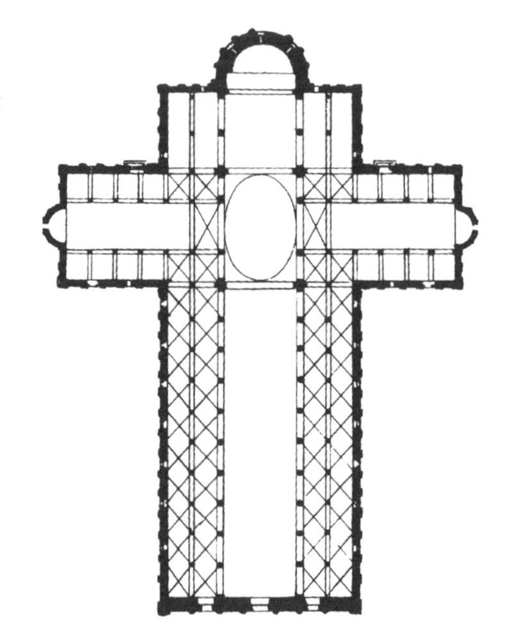
比萨大教堂平面图

整座大教堂不分内外都采用白色为主的大理石进行装饰，足以彰显比萨人的财力。其西立面也是意大利典型的阶梯式，表面层层叠起的连续假券是比萨特有的装饰风格。

大教堂平面是典型的拉丁十字式，全长约 95 米。中厅的两侧各有两条侧廊。中厅采用双层连拱廊支撑的木构架平屋顶。十字交叉部则覆盖着用抹角拱支撑的椭圆形穹顶，这大概是受拜占庭建筑的影响。

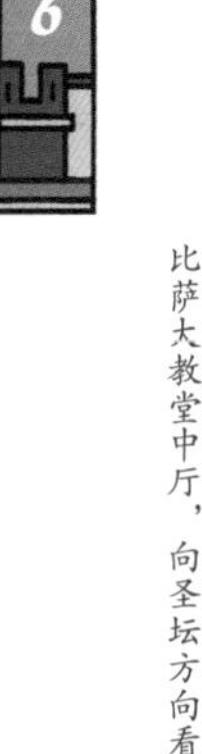

比萨大教堂中厅，向圣坛方向看

比萨大教堂只建有唯一的一座钟塔（Campanile），它并未如一般情形那样与教堂相连，而是独立于教堂的东南方。该塔始建于1173年，由于地基不牢，在1178年开始建造第三层时就倾斜了。1372年最终建成后，它的高度达到55米。当前的倾斜度为3.97°，顶端向外偏移约3.9米。根据传说，1590年，比萨出生的伟大物理学家伽利略（Galileo，1564—1642）曾经在塔顶进行了那场著名的试验。

比萨斜塔

洗礼堂

大教堂的前方是洗礼堂（Baptistery），表面也装饰着层叠的连续假券。东北侧则是圣地纪念公墓（Camposanto Monumentale），墓地中的土据说是十字军东征的时候，从耶路撒冷城中耶稣被钉上十字架的各各他山（Golgotha）运来的。

纪念公墓

3-10 诺曼人与西西里王国

中世纪的时候，意大利半岛的南部地区先后被伦巴第人、撒拉逊人和拜占庭帝国统治。11 世纪时，又一股新的势力来到这里——诺曼人（Normans）。

诺曼人（字面意思就是北方人）本是北欧维京海盗的一支，10 世纪初他们在法国西部沿海定居下来。两代人之后，有一位名叫欧特维尔的坦克雷德（Tancred de Hauteville，980—1041）的诺曼小地主生了 12 个儿子。他的家产显然无法满足这么多继承人的分配需求，于是他的儿子们就像祖先一样把目光转向海外。他们发现，在意大利——那个动荡不安的地方，正有着大把的机会在等待他们。

第一个出发的是长子威廉（William Iron Arm，他为自己赢得了“铁臂”这个绰号，1010—1046）。他和其他诺曼人先是作为拜占庭帝国的雇佣军，帮助拜占庭人击败当时占领意大利南部和西西里的撒拉逊人，而后又与当地人联手反叛拜占庭。1046 年，威廉去世。他的几位弟弟接过了班，其中最能干的是罗伯特·圭斯卡德（Robert Guiscard，1015—1085）。通过与正在跟德意志皇帝进行主教叙任权之争的罗马教皇格里高利七世结盟，他被教皇正式授予意大利南部和西西里的公爵头衔。1071 年，罗伯特攻占拜占庭在意大利的最后一个据点巴里（Bari），永远终结了拜占庭帝国对意大利的统治。在这之后，他又将目标对准拜占庭首都君士坦丁堡，准备为自己赢得更大的荣誉——罗马帝国皇位。他两度出征，均只差一点，没能够实现这个目标。罗伯特去世后，他的儿子博希蒙德（Bohemond，约 1056—1111）继续与拜占庭为敌，而后参加第一次十字军东征，于 1098 年率部攻陷东方名城安条克（Antioch），建立安条克公国（Principality of Antioch，1098—1268）。

就在罗伯特忙着攻打拜占庭帝国的同时，他最小的弟弟罗杰一世

（Roger I，1040—1101）也来到意大利。在哥哥助力下，他将自己的目标对准了撒拉逊人占领的西西里岛。1087 年，他完全占领这座岛屿。

1130 年，罗杰一世的儿子罗杰二世（Roger Ⅱ，1095—1154）被教皇加冕为新创立的西西里王国（Kingdom of Sicily，1130—1816）国王。这是一个见证奇迹的时刻。只用了不到一百年的时间，一个诺曼底小地主家的儿孙们敢想敢做，“通过各式各样的利益交换、报酬索取、威逼恫吓与强力抢夺”[16]，在豪强林立的地中海世界白手起家，打下一片堪称是当时欧洲“最强大、最富裕”[17]的疆土。这是中世纪精神的最生动写照。

基督为罗杰国王加冕（作于 12 世纪）

西西里王国和安条克公国（1130 年），左上小红点处为欧特维尔家族发祥地

3-11 巴里的圣尼古拉教堂

圣尼古拉教堂西侧外观

圣尼古拉教堂平面图

圣尼古拉教堂中厅，向圣坛方向看

巴里是意大利半岛脚后跟阿普利亚地区（Apulia）的首府，1071年被罗伯特·圭斯卡德征服。1087年，基督教圣人圣尼古拉（Saint Nicholas，270—342）的遗骸被迁到此地，巴里人为此专门建造了一座教堂。

这座教堂的西立面也是意大利特有的阶梯造型。由于在立面两旁各建有一座方形塔楼，加上东侧也建有方形附属建筑，使得整座教堂看上去有些方方正正，形似一座城堡。内部中厅建有好几道拱门，是一种有趣的做法。

圣尼古拉就是圣诞老人的原型。他不仅深受西欧天主教徒的纪念，也深受东欧东正教徒的崇拜。这座教堂也因此成为两大教会共同的朝圣之地。

3-12
巴勒莫的宫廷礼拜堂

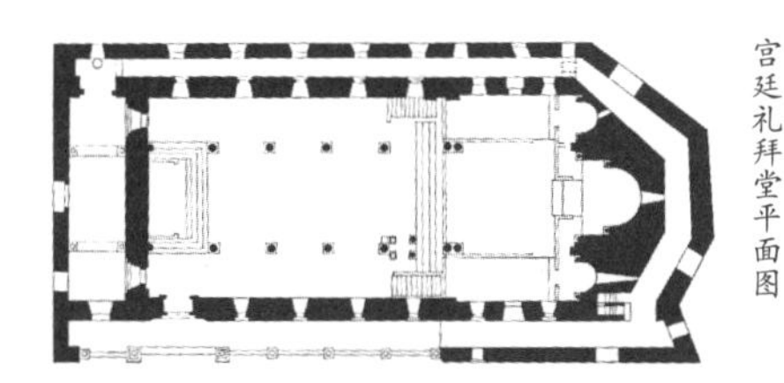
宫廷礼拜堂平面图

诺曼人建立的西西里王国首都设在巴勒莫（Palermo），这是一个早在公元前8世纪就由腓尼基人（Phoenicians）建立起来的古老城市。1132年，罗杰二世下令在巴勒莫皇宫内修建宫廷礼拜堂（Cappella Palatina），于1143年建造完成。

宫廷礼拜堂中厅，向圣坛方向看

这是一座融合了天主教、东正教和伊斯兰教建筑特色于一身的艺术杰作，就像它所代表的西西里文化一样具有宗教包容与文化融合的特征。教堂的平面是天主教巴西利卡式样，墙

宫廷礼拜堂中厅拱顶

宫廷礼拜堂中厅拱顶局部

面、圣坛的金底马赛克装饰是典型的拜占庭风格，而拱顶装饰则是令人心醉的伊斯兰情调。法国作家居伊·德·莫泊桑（Guy de Maupassant，1850—1893）赞之为：“世界上最美丽的教堂，是人类思想所梦寐以求的最令人惊讶的宗教宝石。”这个说法并不夸张。

3–13 蒙雷阿莱大教堂

西西里的蒙雷阿莱大教堂（Monreale Cathedral）是由罗杰二世的孙子威廉二世（William Ⅱ，1166—1189 年在位）建造的。这座教堂也堪称是西西里“石化的史书”，集天主教、拜占庭和伊斯兰教特征于一身：其拉丁十字平面布局是西欧特色；内部精美的马赛克镶嵌画具有浓郁的拜占庭风格；而用各色石材精心编织的东立面则充满了伊斯兰情调。

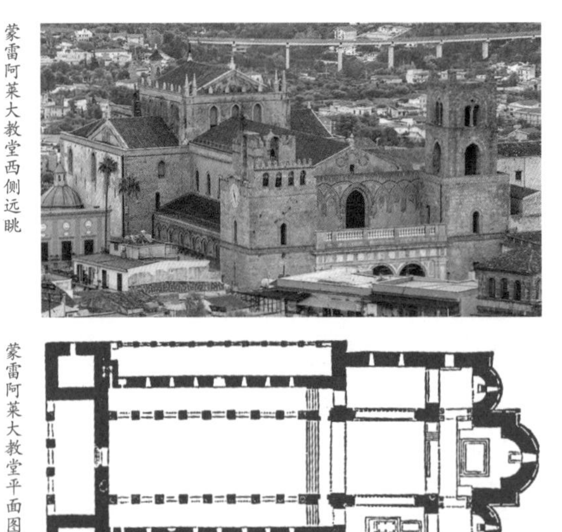
蒙雷阿莱大教堂西侧远眺

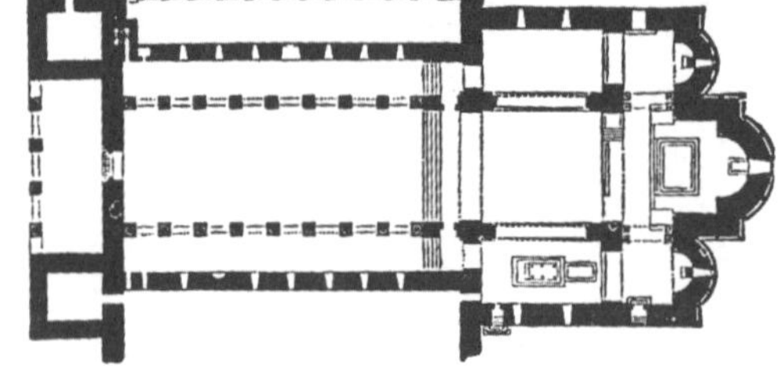
蒙雷阿莱大教堂平面图

大教堂附属的修道院回廊由 200 多根满布雕刻的柱子组成，其雕刻形式和题材各异，有圣经故事、历史事件、神话传说以及鸟兽怪物等，是中世纪最杰出的修道院回廊范例。

蒙雷阿莱大教堂中厅，向圣坛方向看

1189 年，威廉二世无嗣而终。经过一番争夺，西西里王位最终被与罗杰二世女儿结婚的神圣罗马帝国皇帝亨利六世（Henry Ⅵ，1190—1197 年为德意志国王兼皇帝，1194 年起兼西西里国王）夺得。

蒙雷阿莱大教堂修道院回廊局部

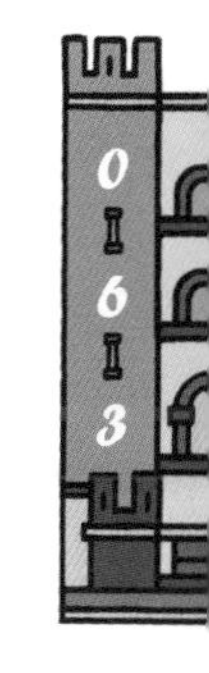

蒙雷阿莱大教堂东侧远眺

第四章 法国罗马风建筑

『如果你们为这个国家的幸福考虑，那就让杰出的于格公爵成为国王。』

4-1 法兰西王国

查理帝国分裂所形成的西法兰克王国是今日法国的前身。移居到这里的日耳曼人逐渐被当地持拉丁语的罗马人和高卢人同化，他们的语言逐渐与当地的拉丁语混合形成日后所谓的“法语”。他们不再承认主要势力在德国和意大利的神圣罗马帝国的宗主权，从而与东部的其他法兰克人和日耳曼人分化开来。

公元987年，出生自加洛林家族的末代西法兰克国王路易五世（Louis V，986—987年在位）去世。贵族们选举法兰西公爵兼巴黎伯爵于格·卡佩（Hugues Capet，987—996年在位）为新国王，卡佩王朝（Capetian Dynasty，987—1328）由此建立。尽管国王称号（King of the Franks，法兰克人的国王）本身并未改变，但是后代史学家们一般都将从这时起的西法兰克王国称为法兰西王国（France，意为法兰克人的土地）。

作为由原本与自己平起平坐的诸侯们选举产生的国王，于格·卡佩没有他的德意志同僚“捕鸟者”亨利和奥托大帝那样强大的军事实力，无法慑服各路诸侯，只能小心谨慎，听任诸侯们成为各自领地的真正主人。他真正能够管辖的范围只有巴黎周围的一小块被形象地称为“法兰西岛”（Île-de-France）的地区。或许正如历史学家威廉·冯·吉塞布莱希特（Wilhelm von Gicscbrccht，1814—1889）所说的那样，于格·卡佩在心中所暗自追求的“是要将王权长久地留在自己的家族之中。”[18]他完美地实现了这个目标。

于格·卡佩（画像作于13—14世纪）

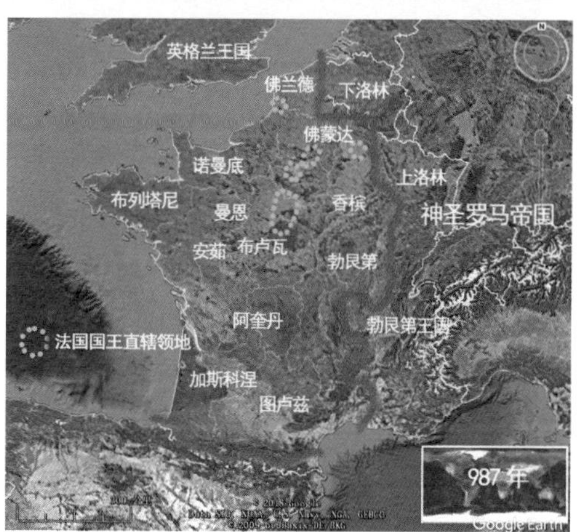

法兰西王国（987年）

4-2 克吕尼修道院教堂

公元910年兴建的克吕尼修道院（Cluny Abbey）是西方中世纪基督教发展的一个重要节点。针对黑暗时代由于时局动荡而出现的修道院附庸化和世俗化的现象，阿奎丹公爵威廉一世（William I，875—918）将位于法国东部克吕尼的一块土地捐赠出来用以建设修道院，要求这所修道院从此只对罗马教皇负责，而不承担任何封建附庸义务，修道

教皇主持修道院落成仪式（作于12世纪）

士们的职责就是专注祈祷和进行纯粹的宗教活动。在这所修道院的示范影响下，其他地方的许多修道院也重新回到清苦修行宣扬教义的宗教本分上来，并且以克吕尼为中心，在整个西方基督教世界形成一个由1500多所修道院加盟的规模庞大、组织严密的修道院网络，史称“克吕尼改革”（Cluniac Reforms）。

克吕尼修道院（作者：L. Malisan）

随着慕名前来修行的人士不断增加，克吕尼修道院的规模不断扩大，教堂先后两次进行重建。1088年最后一次重建（一般称为第三克吕尼修道院教堂，Cluny Ⅲ）之后的教堂规模与它的地位一样，在罗马风时代堪称是首屈一指。它的平面为具有双横厅的拉丁十字式，长度达到187米，是整个中世纪建造的最长的教堂，直到17世纪初才被罗马圣彼得大教堂超出（211米）。

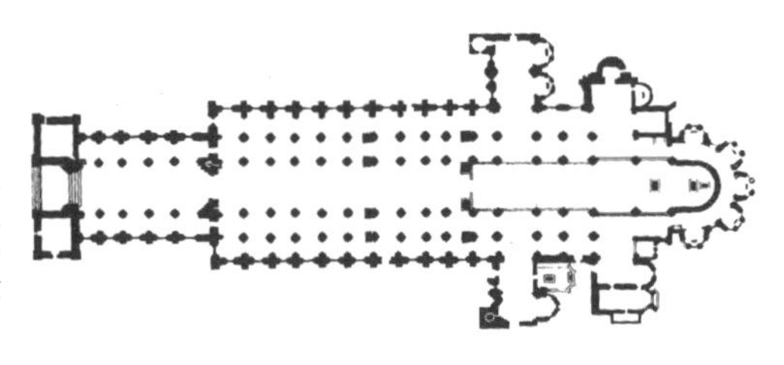

第三克吕尼修道院教堂平面图

教堂西端建有“西部结

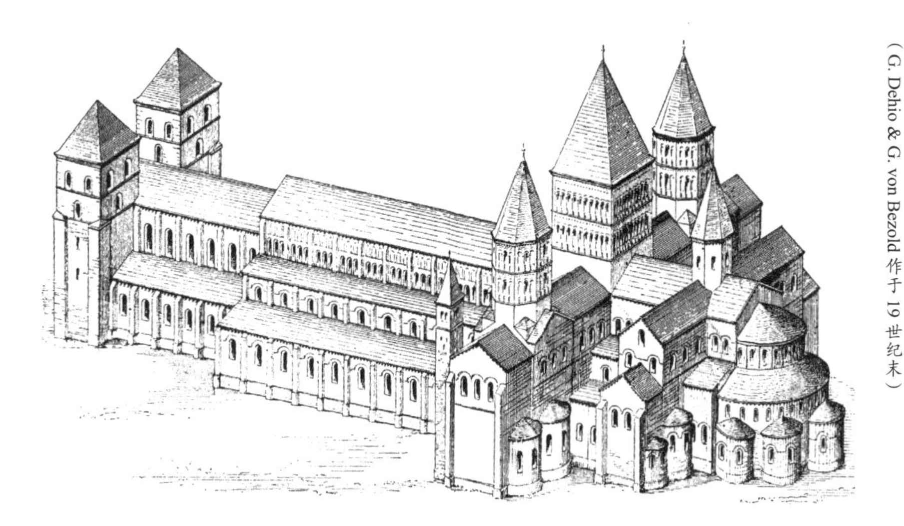

第三克吕尼修道院教堂复原图（G. Dehio & G. von Bezold 作于 19 世纪末）

构”，大门两侧各建立一座塔楼，这种造型以后成为法国教堂西端立面的典范。在横厅东侧以及半圆形歌坛外侧建有许多专门用于私人宗教圣事活动的小礼拜室（Chantry Chapel），这种布局方式以后也成为法国教堂设计的主要特征。

第三克吕尼修道院教堂中厅复原图，向圣坛方向看（作者：K. J. Conant）

这座教堂的中厅约有30米高，采用三层构造，在最上方采光窗与底层拱廊间的墙面上设有一层假的连续拱廊，叫作楼廊（Triforium）。它所处的这段墙面外侧正好是侧廊拱顶之上排水的斜屋盖，不能开真窗。中厅上方由筒形拱顶覆盖，这是法国罗马风教堂的常见做法。

这座教堂如今只有南横厅的一段保存下来，其余都在法国大革命期间被群众拆毁。

4-3 欧坦大教堂

欧坦（Autun）是以罗马帝国第一位皇帝奥古斯都的名字命名的古城。罗马时代的城市网格已经有些模糊不清了，但位于城东的剧场还依然可辨。

欧坦大教堂远眺

位于城南的大教堂建于1120年。它的中厅以尖拱形式的筒形拱顶覆盖。这大概是从伊斯兰建筑那里学来的。与罗马人常用的圆拱相比，尖拱的形状与推力线更加贴合，在跨度相同的情况下，对支撑拱顶的侧墙所造成的水平推力作用要明显小于圆拱，并且还能够有效提高中厅空间的高度形象。这样一种经验对于后来的哥特风格建筑师来说有着重要的意义。

欧坦大教堂中厅，向圣坛方向看

在拱顶的外部，我们还可以看到一种叫作飞扶壁（Flying buttresses）的结构形式，它看上去就像是倚靠在墙上的半个拱，给墙体施加一个向内的推力。这个作用恰好与中厅拱顶对墙体向外的推力作用相平衡，有助于整体结构的稳定。这种结构方式早在公元4世纪就已经出现，不过直到这个时候才开始被人关注。用不了多久，它就将在哥特建筑中成为引人瞩目的角色。

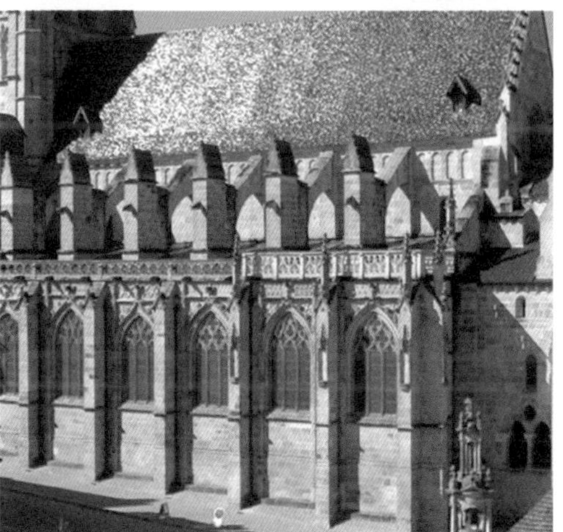

欧坦大教堂飞扶壁

4-4

加坦波河畔圣萨尔文教堂

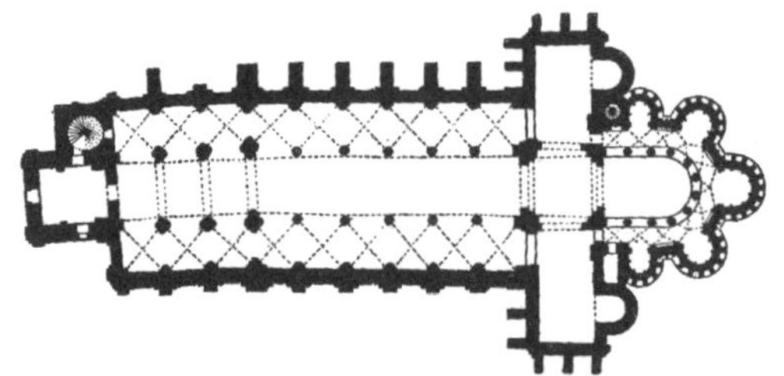
圣萨尔文教堂平面图

1065年左右开始建造的加坦波河畔圣萨尔文教堂（Abbey Church of Saint-Savin-sur-Gartempe）有一个非常特别的中厅结构。它的连拱廊直接支撑中厅拱顶，之间没有墙面过渡，而侧廊高度也与中厅相当，这样就形成开阔的大厅式内部空间效果。拱顶上满布《圣经》题材的壁画，是罗马风时代绘画艺术的杰出代表。

圣萨尔文教堂中厅，向圣坛方向看

圣萨尔文教堂拱顶

4-5 韦兹莱修道院教堂

韦兹莱修道院教堂远眺

位于小山顶上的韦兹莱修道院教堂（Vézelay Abbey）最早建于公元9世纪。1050年，一位修道士声称发现了抹大拉的马利亚（Mary Magdalene）的遗骸并将其收藏在该修道院中。抹大拉的马利亚是圣经人物，是耶稣的忠实追随者之一。在耶稣被钉十字架时，她一直陪伴在旁边，并将其安葬。当耶稣复活的时候，她正守候在墓旁，成为第一个目睹耶稣复活的人。以后她被基督教视为圣人。1058年,罗马教皇确认遗骸属实，于是这座修道院迅速成为众人朝拜的圣地。1146年和1190年，第二次和第三次十字军东征的队伍就是在这里誓师后出发的。为了接待众多的朝圣者，1104年，新的教堂开始建造，1132年中厅建造完成。

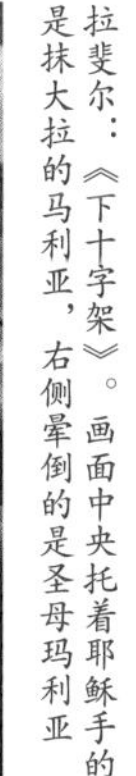

拉斐尔：《下十字架》。画面中央托着耶稣手的是抹大拉的马利亚，右侧晕倒的是圣母玛利亚

韦兹莱修道院教堂西侧鸟瞰

这所教堂的西立面（北塔未能完成）采用典型的法

韦兹莱修道院教堂，从门厅向内看（摄影：Vassil）

国双塔布局，双塔和中央下方各有一座大门，象征基督教三位一体的基本教义。这种模式以后成为法国教堂西立面的主要特征。

大门之内有一个三开间进深的门厅，与大殿一样分为中厅和侧廊三部分。这种做法较为少见。大殿的中厅有 62.5 米长，高 18.5 米，上面覆盖着玛利亚·拉赫修道院式样的交叉拱顶，这种做法在罗马风时代的法国比较少见。最东端的歌坛则是在哥特时代建造的。

韦兹莱修道院教堂中厅，向圣坛方向看

4-6

昂古莱姆大教堂

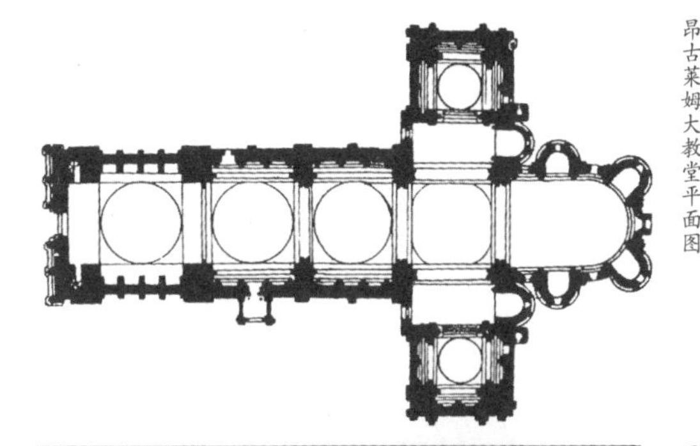
昂古莱姆大教堂平面图

1110年重建的昂古莱姆大教堂（Angoulême Cathedral）有一个更为别致的中厅设计。大概是受十字军东征时所见到的拜占庭建筑以及威尼斯圣马可大教堂的影响，主教杰拉德二世（Bishop Gerard Ⅱ）将其设计成由连续四个穹隆覆盖，其中位于十字交叉部的穹隆特别高耸一些。穹隆内部十分朴素，没有拜占庭金碧辉煌的感觉，风格完全不同。

昂古莱姆大教堂中厅，向圣坛方向看

4-7

佩里格的圣弗龙特大教堂

重建于1120年的佩里格圣弗龙特大教堂（Périgueux Cathedral）也是采用穹隆结构。从平面布局上看，它与拜占庭风格的威尼斯圣马可大教堂十分相似，但它的五个穹顶的高度和大小是完全一样的（威

佩里格圣弗龙特大教堂南侧鸟瞰

佩里格圣弗龙特大教堂内部

尼斯圣马可大教堂中厅和中央穹顶直径稍大于横厅两臂和圣坛穹顶），而且简洁的砌筑壁体特征也与拜占庭风格相去甚远。与昂古莱姆大教堂相比，它的穹顶得到帆拱上的鼓座抬升，因而空间更加高耸，采光效果也较好一些。

4-8 普瓦捷的圣希莱尔教堂

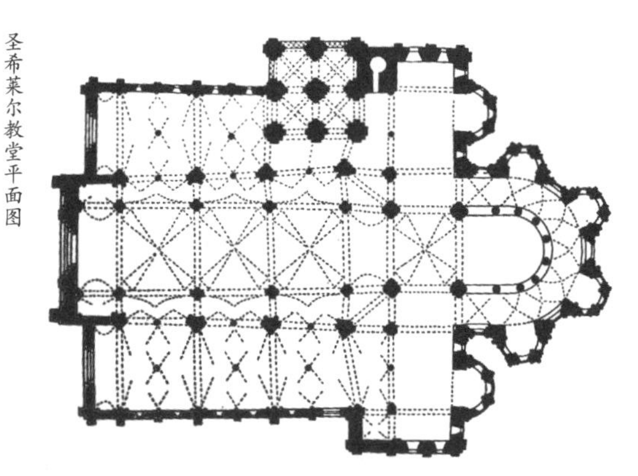
圣希莱尔教堂平面图

普瓦捷（Poitiers）的圣希莱尔教堂（Église Saint-Hilaire le Grand）非常别致，是一座拥有七廊身的极为罕见的巴西利卡式教堂。

这座教堂建于11世纪。刚开始建造的时候可能是要建成木桁架屋顶，但是在修建过程中决定改用穹顶来覆盖。为保证这些穹顶的直径与中厅柱间距相对应，工匠们不得不在原本较为宽阔的中厅内部又加建了两排柱子，这样才能形成正方形开间，然后在其上采用抹角拱

圣希莱尔教堂中厅拱顶

变成八边形，最后再在其上做出穹隆。两边侧廊的做法也很有意思，大概也是要从“木构”变成交叉拱的缘故，在原本每一个开间的中央增加了一根柱子，这样就将原本一道侧廊变成两道，其上所覆盖的交叉拱交线也由此变得较为复杂。由于这些称得上是应急手段的采用，就使得这座原本大概只是三廊身的巴西利卡教堂摇身一变成了七廊身教堂。

圣希莱尔教堂侧廊

圣希莱尔教堂中厅，向入口方向看

这座教堂在法国大革命期间遭到严重破坏，后来也未能得到完全修复。

4-9 图卢兹的圣塞尔南大教堂

1080年开始建造的图卢兹（Toulouse）圣塞尔南大教堂（Basilica of Saint-Sernin）是罗马风建筑。它同时还是一座朝圣教堂（Pilgrimage Church），位于有名的圣雅各朝圣之路（Camino de Santiago）上。

圣赛尔南大教堂南侧鸟瞰

朝圣（作于19世纪）

生活在中世纪的基督徒对宗教非常虔信，他们常常不远千里长途跋涉到一些安葬有圣人或者收藏有圣物的地方去朝圣，以此显示对上帝的敬爱，并渴望得到上帝的宽恕。当时最重要的朝圣地有三个：耶稣受难地耶路撒

圣雅各朝圣之路（作于17世纪）

冷、圣彼得和圣保罗的受难地罗马以及西班牙的圣地亚哥·德·贡波斯特拉（Santiago de Compostela）——这里安葬着耶稣12使徒之一的圣雅各（Saint James the Greater，?—44，传说他在完成对西班牙的传教使命返回以色列后被害，他的遗骸后来被运往西班牙安葬）。这些朝圣之路所经过的城镇往往会建造起专门供奉圣徒遗骨或有关圣物的朝圣教堂，吸引远道而来的香客光顾。

圣塞尔南大教堂也是采用拉丁十字平面。位于西端入口两侧的塔楼没有能够建造起来，高度只是与中厅一样，所以立面看上去显得非常结实厚重。入口处设计了并排两座大门，这十分罕见，一般来说奇数开间才是常态。

圣赛尔南大教堂西侧外观

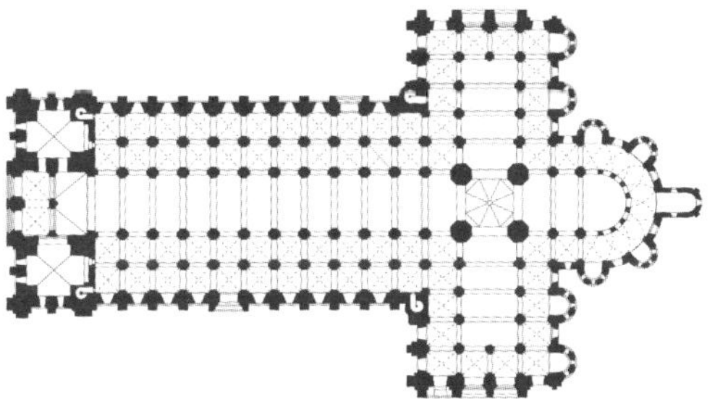
圣赛尔南大教堂平面图

教堂中厅左右各设有两道侧廊，圣坛和横厅也各有一道走廊环绕。这种廊道主要是用来接待朝圣者。教堂希望这些能够带来大量香火钱的朝圣者可以在不干扰当地居民正常宗教活动的情况下，参观收藏在各个小礼拜室中的圣物和珍宝。中厅上方也是覆以圆筒形拱顶，但每一个开间都做出一条横向拱肋。

圣赛尔南大教堂内部

4-10 穆瓦撒克的圣彼得修道院教堂

圣彼得修道院教堂平面图

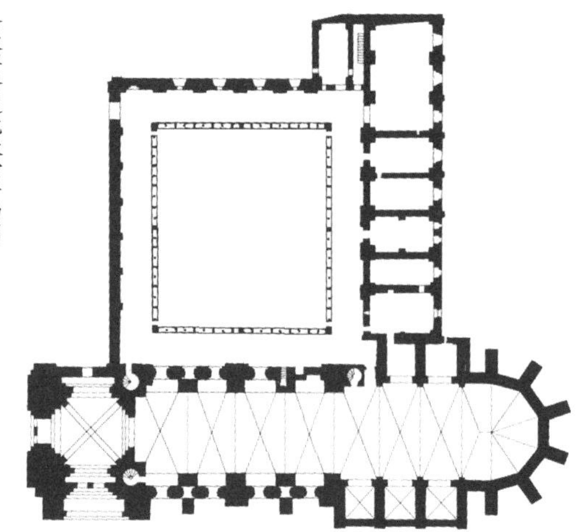

11世纪末建造的穆瓦撒克的圣彼得修道院教堂（Abbaye Saint-Pierre de Moissac）也是一座位于圣雅各朝圣之路上的著名建筑。其西端门厅南入口很好地保持着罗马风时代的结构和装饰特征，教堂主体则是后来哥特时代重建的。

为了让观众有更直观的印象以便吸引更多的朝圣者，朝圣教堂往往都装饰有

圣彼得修道院教堂南侧外观

精美的雕刻。这样一来，在基督教初期一度被忽视的石雕艺术获得复兴和发展的良机。这座教堂西端门厅南入口就是罗马风雕刻艺术的杰出代表，其中的人物仿佛都受到某种特别的精神感召而陷入恍惚，充满浪漫的激情。这样的雕像不是用来供奉崇拜的偶像，而是用以表达基督教的思想，让每一个进入教堂的信徒从一开始就受到心灵的震慑。这正是中世纪欧洲人精神生活的写照，是这个信仰时代的象征。

圣彼得修道院教堂门厅南入口中柱浮雕局部

圣彼得修道院教堂门厅南入口

圣彼得修道院教堂回廊

圣彼得修道院教堂回廊柱头（一）

圣彼得修道院教堂回廊柱头（二）

这座修道院教堂回廊的柱头雕刻也非常精彩，许许多多怪异的生物看上去好像是生活在梦幻世界想象丛林中的精灵。美国艺术史学家威廉·弗莱明（William Fleming）评价说：“古代希腊－罗马雕刻的成功在于古典时期的人们把众神想象为人的形象，而正因为这样，他们才能在大理石上把众神表现得如此生动。当神性被想象为一种抽象的本体时，对它的现实意义的表现就从根本上被否定了。理性的表现形式对于认为不可能以理性去理解上帝的罗马风时代的人们是毫无益处的。他们必须去感受而不是感知或理解。只有通过信仰的直觉之目才能去把握上帝的本质。于是只能象征性地去描绘上帝，因为象征能够代表不具形体的东西，这不是一种如实的表现方式。可见的物质实体是次要的，而灵魂一类的东西才是第一位的，但后者只能在想象的世界中予以呈现。”[19]

4-11

孔克的圣法依修道院教堂

孔克（Conques）的圣法依修道院教堂（Abbey Church of Saint Foy）也是朝圣之路上的一个必经之处。这座教堂正面入口门楣上的雕刻《最后的审判》非常精彩，是这种类型雕刻的代表作。

圣法依修道院教堂西北侧鸟瞰

圣法依修道院教堂西入口门楣。看其中的人物动态，下地狱的有各种死法，而上天堂的却只有一种模式，印证了托尔斯泰的名言：“幸福都是相似的，不幸的各有不同。”

圣吉勒修道院教堂西侧外观

圣吉勒修道院教堂门廊局部

圣托菲姆教堂西侧外观（摄影：H. P. Schaefer）

4-12

圣吉勒修道院教堂

1120—1160年修建的圣吉勒修道院教堂（Abbey of Saint-Gilles）位于法国南方，也是一座有名的朝圣教堂。这座建筑最出色的地方是它的西立面门廊，将传统的罗马柱式与中世纪雕刻相结合，是名副其实的“罗马风”，或被称为“前文艺复兴式”[20]。

4-13

阿尔勒的圣托菲姆教堂

阿尔勒（Arles）是一座古罗马建筑遗迹极为丰富的城市。位于城中的圣托菲姆教堂（Church of St. Trophime）原本是当地的主教座堂。它的西立面入口大门同样具有浓郁的古罗马气息。

4-14 丰特奈修道院教堂

不过，并不是所有的教士都同意在教堂上做这么多富有激情的雕塑，有名的修道士兼神学家明谷的圣伯尔纳（St. Bernard of Clairvaux，1090—1153）就对这种现象非常不满："修道院是教友们读书的地方，在他们的眼皮底下那些荒诞的怪物是何用意？到处都是各种各样奇异怪诞的形状，这样我们就会受到引诱去注意大理石而不是专心读书，整天都在惊叹这些东西而不是思考上帝的法则。" [21]

明谷的圣伯尔纳（作于15世纪）

1112年，圣伯尔纳加入主张更加简朴隐修的西多会（Cistercians），并于1118年亲自开办了丰特奈修道院（Abbey of Fontenay）以实践自己的理想。在圣伯尔纳的引领下，西多会迅速发展壮大，到1153年他去世的时候，已经发展成为拥有300多所修道院的庞大组织。

丰特奈修道院教堂鸟瞰

丰特奈修道院教堂内景（摄影：Myrabella）

与之前我们看到的其他教堂相比，这座丰特奈修道院教堂中除了极个别的地方之外，几乎完全没有装饰性雕刻，可说是一个清心寡欲修身养性之地。

4-15 诺曼底

在法国中世纪的历史进程中，有一个地方从头至尾都扮演着举足轻重的角色，这就是诺曼底（Normandy）。

野性未改的罗洛在册封仪式上当众掀翻“糊涂王”查理（手抄本片段，约作于14世纪初）

查理帝国分裂之后，西法兰克王国持续遭到北欧维京海盗的疯狂劫掠。法兰克人和高卢人疲于应对，苦不堪言。公元911年，西法兰克国王“糊涂王”查理（Charles the Simple，898—922年在位）决定不惜一切代价争取和平。他选择一股刚刚被人数占优的法兰克军队打败的维京海盗团伙作为谈判对象，将位于鲁昂（Rouen）附近的塞纳河入海口地区册封给这股海盗的首领罗洛（Rollo，860—930），希望他们能够就此安定下来，同时作为国王的封臣，替国王把守塞纳河口这个最重要的战略地区，以阻挡其他维京海盗的入侵。“糊涂王”这次是一点也不糊涂，这真正称得上是一个双赢的谈判。罗洛和他的部下立刻接受了这个协议，从野蛮的维京海盗完美转身，很快就变成为西欧最优秀的基督教骑士。他们所获得的这块土地从此就被称为“诺曼底”，意思是北方人的土地。而他们的后代则被称作“诺曼人”。

11世纪的诺曼人（A. Kretschmer 作于1882年）

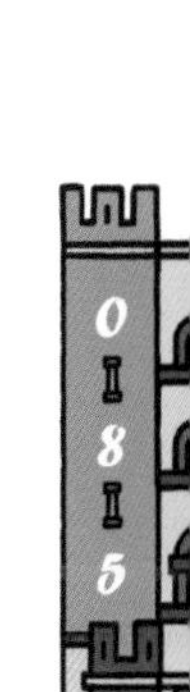

4-16 卡昂的圣司提反和圣三一修道院教堂

罗洛是以鲁昂伯爵（Count of Rouen）的名义接受册封的。他的儿孙们一面延续父辈政策与王室和豪强联姻，一面又趁着卡佩王朝取代加洛林王朝之际，将自己的头衔升格为诺曼底公爵（Duke of Normandy）。

诺曼底公爵的纹章

1035年，年仅7岁的威廉一世（William I，1028—1087）在父亲死于耶路撒冷朝圣之旅后继位成为诺曼底公爵。在九死一生的权力游戏中终于度过童年而成长为坚强统帅后，他决定迎娶另一个

十一世纪钱币中的威廉像

大诸侯佛兰德斯伯爵之女玛蒂尔达（Matilda of Flanders，约 1031—1083）。但是这桩婚姻却遭到教会阻止，理由是他们两个具有表亲关系[一]。经过一番讨价还价，最终教皇以修建两座修道院为条件，批准了这个婚姻。

1062 年，这两座修道院教堂在诺曼底第二大城市卡昂（Caen）的东西两侧城郊开工建造。其中由威廉奉献的是位于城西的圣司提反男子修道院教堂（Abbey of Saint-Étienne）[二]，由玛蒂尔达奉献的是位于城东的圣三一女子修道院教堂（Abbey of Sainte-Trinité）。他们两位去世后也分别安葬在这两座教堂里。

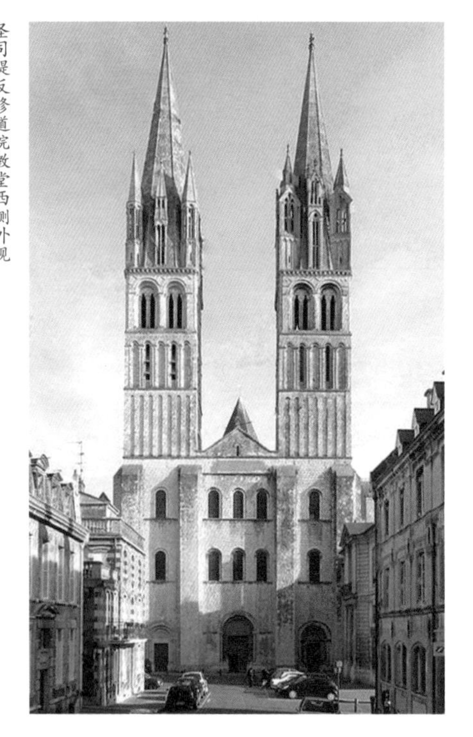
圣司提反修道院教堂西侧外观

这两座修道院教堂因为是同时建造，在许多方面都非常相似，而与法国其他地区的罗马风建筑有所区别，有人将其称为诺曼底风格（Norman Style）。

两座修道院教堂都拥有双塔式的西部结构。平面布局原本几

[一] 究竟是何种重要到会影响教会判断通婚成否的表亲关系，目前研究者们尚有争议，因为在那个时代许多人都是有名无姓，所以后人在研究人物关系上难免有混淆的现象。但两人之间应该是没有比较亲近的血缘联系。

[二] “Étienne”是“司提反”的法文。司提反是基督教的早期信徒，作为耶稣之后以身殉教的第一人而深受崇拜。

乎相同，但是后来圣司提反修道院教堂的歌坛在哥特时代进行了改造，风格发生明显的变化。

圣三一修道院教堂主入口外观

与其他法国罗马风教堂相比，这两座修道院教堂最特别之处在于它们的中厅拱顶做法。它们是最早引入意大利交叉肋骨拱做法的法国教堂。但是与意大利惯用的四分肋骨拱不一样的是，在这两座修道院教堂建设的时候，工匠们尝试了一种叫作六分肋骨拱（Sexpartite Vault）的新做法，也就是在米兰圣安布罗乔教堂所采用的四分肋骨拱的中间横向再加上一道拱肋，从而将原来

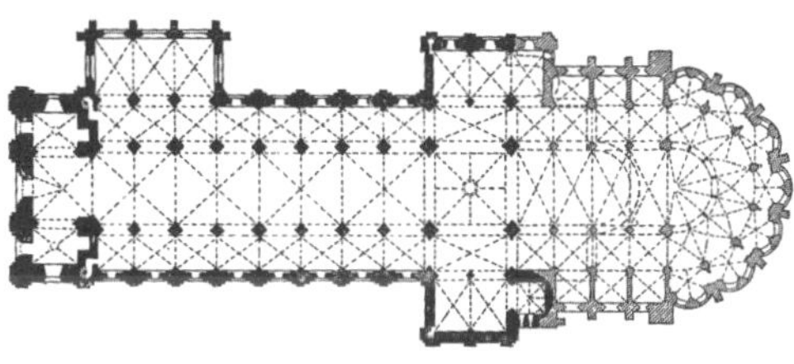
圣司提反修道院教堂平面图

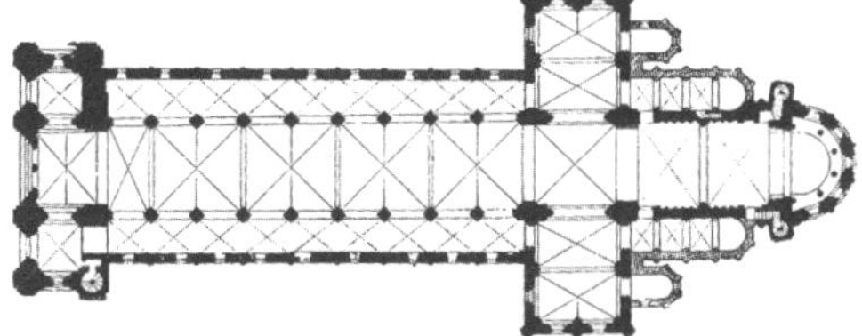
圣三一修道院教堂平面图

圣司提反修道院教堂中厅拱顶

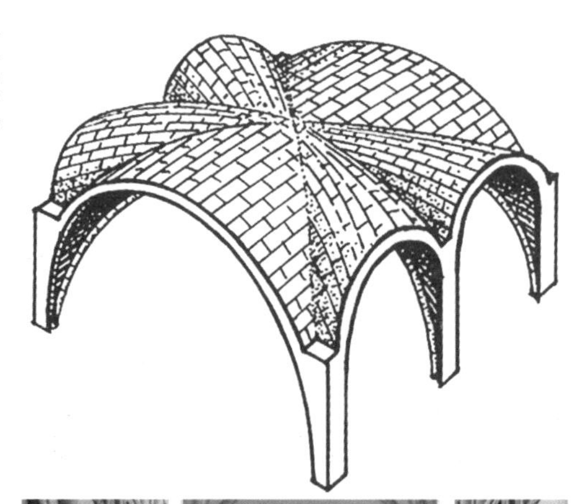
六分肋骨拱

圣三一修道院教堂中厅，向入口方向看

圣司提反修道院教堂中厅，向圣坛方向看

的对角斜拱一分为二。这样做的好处是可以在不必采用难以施工的椭圆造型对角斜拱的情况下，通过将两段不同圆心的圆拱相连形成新的对角线，避免米兰圣安布罗乔教堂四分交叉肋骨拱顶中央隆起的现象。但是另一方面，由于这道新添的横拱限制了拱顶高度，这就使得整个交叉拱形状趋于扁平，拱顶有较为明显的下陷感觉。显然，这种结构还有待进一步探索完善。

在这两座修道院教堂中，各开间六分拱中央部位只有一道横拱需要支撑，而在两端则既有横拱又有斜拱需要支撑，但是下方的束柱却都做成一样的形态，这就使得内部看上去显得较为整齐划一。

第五章 西班牙罗马风建筑

『命运像水车的轮子一样旋转。』

5-1 阿斯图里亚斯王国

公元 711 年，横扫北非势不可挡的阿拉伯军队越过直布罗陀海峡攻入西班牙，西哥特国王战败身亡，已经统治这块土地整整 300 年的西哥特王国灭亡了，整个伊比利亚半岛都被划入阿拉伯帝国的版图。然而这也是阿拉伯人强力扩张的西方终点站。在随后的年代里，以阿斯图里亚斯王国（Kingdom of Asturias，

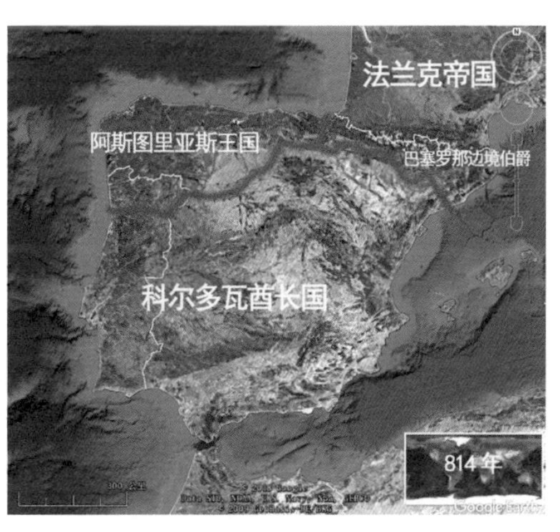

伊比利亚半岛（814年）

718—924）为代表，基督教徒们稳住了阵脚，而后开始逐步向南渗透反击。

5-2 纳兰科的圣玛利亚教堂

圣玛利亚教堂东北侧外观

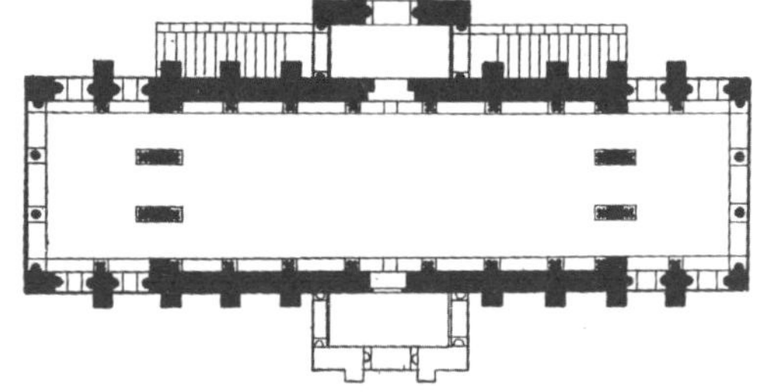
圣玛利亚教堂平面图

圣玛利亚教堂内部

纳兰科的圣玛利亚教堂（Santa María del Naranco）建于公元857年，由阿斯图里亚斯国王拉米罗一世（Ramiro I，842—850年在位）建造，原本是用作国王的宫殿，10世纪以后才改为教堂。这是一座两层建筑，长21米、宽6米，上下层均采用筒形拱顶支撑，这是罗马帝国灭亡后较早恢复采用这种结构的例子。其下层包含有一间浴室，这在那个年代应该是很罕见的。通往二层的楼梯间突出于大厅北侧，与之相对的大厅南侧外也有一个已经毁坏的突出部，可能是一个祭坛。大厅东西两端各有一个敞廊，柱头等部位的装饰洗练而优雅。

5-3 埃斯卡拉达的圣米迦勒教堂

在北方基督徒们站稳脚跟不再退却之后，许多此前不得不生活在南方穆斯林占领区的基督徒们（因其久受阿拉伯入侵者带来的伊斯兰语言文化影响而被称为莫札拉布人“Mozarabs”）受到鼓舞而迁来北方。他们随身带来了已经在南方扎下根来的伊斯兰艺术风格，与北方纯正的基督教艺术结合在一起，形成独具伊比利亚特色的“莫札拉比风格”。913 年建造的埃斯卡拉达的圣米迦勒教堂（Monastery of San Miguel de Escalada）就是一座这样的建筑。它的中厅和外部走廊所采用的马蹄形拱券以及圣坛的平面形状都生动地展现了这种多元文化交互融合的精神。

圣米迦勒教堂西南侧外观

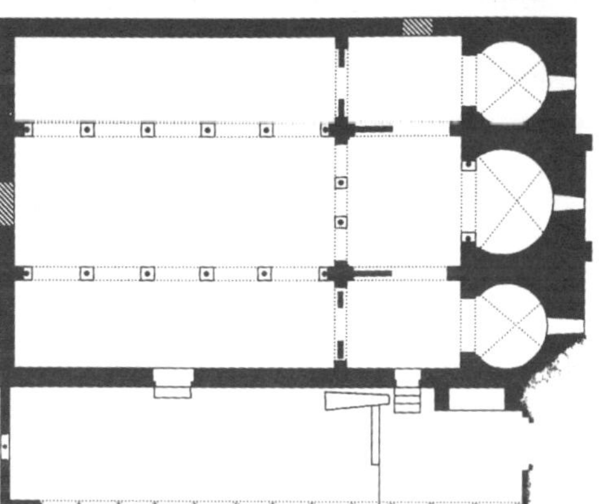

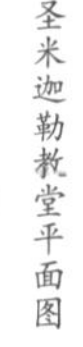

圣米迦勒教堂平面图

圣米迦勒教堂中厅，向圣坛方向看

5-4 里波尔的圣玛利亚修道院教堂

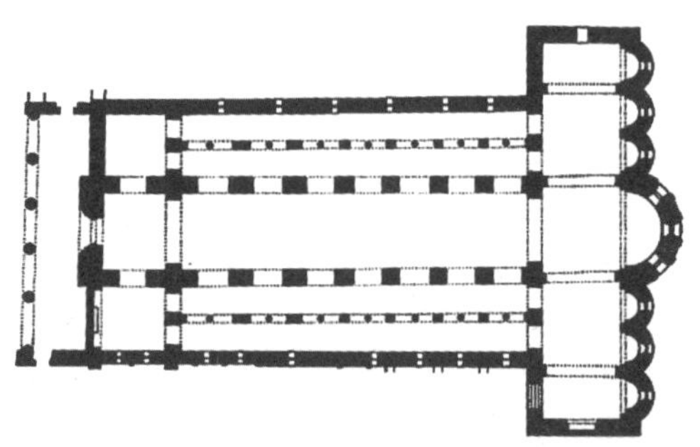
圣玛利亚修道院教堂平面图

里波尔的圣玛利亚修道院教堂（Santa Maria de Ripoll）最早建于公元9世纪，在后来的三个世纪中多次进行改扩建，最终形成由五个廊身组成的大型巴西利卡建筑。其两侧横厅各建有三座圣坛，与中央圣坛形成七圣堂并列的独特格局。这座教堂后来在19世纪初遭到严重毁坏，以后在19世纪末进行重建，除了西立面大门两侧精美的浮雕墙外，其他部分大都已经不复原样。

圣玛利亚修道院教堂东侧外观

圣玛利亚修道院教堂西大门

5-5 圣地亚哥·德·贡波斯代拉大教堂

罗马风时代西班牙最有名的建筑就是安葬有圣雅各遗骸的圣地亚哥·德·贡波斯代拉大教堂（Santiago de Compostela Cathedral）。

中世纪时的圣地亚哥·德·贡波斯代拉大教堂（作者：C. Norberg-Schulz）

关于贡波斯代拉这个词的由来，一种流传比较广的说法认为，当年圣雅各的遗骸被运到西班牙安葬后就逐渐被人遗忘，直到公元 813 年的时候才被一位牧羊人在星星的指引下重新发现，所以这个单词就是从拉丁语“星野”（Campus Stellae）演化过来的。不过也有学者不认同这个观点，认为这个单词更可能是从拉丁语“墓地”（Composita Tella）演变的。不管它的来源到底是什么，对于当时的阿斯图里亚斯国王阿方索二世（Alfonso Ⅱ，791—842 年在位）来说，他迫切需要这件圣物来帮他巩固政权以抑制内部躁动分子和对抗外

下方跪着祈祷的是阿方索二世（作于 12 世纪）

部伊斯兰势力。他第一个来到这里朝圣，然后在此地建造起第一座教堂。在得到罗马教皇认可后，这个地方迅速发展起来，成为足以与罗马和耶路撒冷比肩的中世纪基督教三大圣地之一。

圣地亚哥·德·贡波斯代拉大教堂平面图

1075 年，圣地亚哥·德·贡波斯代拉大教堂进行重建，直到 1211 年才完全建成。除了西立面后来在 18 世纪被按照巴洛克风格进行改造之外，不论从平面布局还是从内部中厅结构来看，它都与北方邻邦法国的罗马风教堂十分相似。

圣地亚哥·德·贡波斯代拉大教堂中厅，向圣坛方向看

第六章 英国罗马风建筑

『根据公爵的命令，国王在此安息。』

6-1 英格兰王国

公元 448 年，西罗马帝国处在风雨飘摇之中，最后一支罗马军团奉命撤离大不列颠岛以充实高卢防务，从而结束了对这片土地整整 400 年的统治。生活在大不列颠岛南部罗马统治区的土著居民布立吞人（Britons）久已习惯安宁生活，忽然之间要靠自己的力量去抵挡北方蛮夷皮克特人（Picts）和盖尔人（Gaels）㊀的入侵，他们感到实在是力不从心。走投无路之下，他们向大海对岸的日耳曼人求助。这真是引狼入室啊！面对这个天赐良机，撒克逊人、盎格鲁人和朱特人（Jutes）迅速渡过海来，在赶跑皮克特人和盖尔人之后，反客为主，开始奴役软弱的布立吞人。可怜的布立吞人无力反抗，只好背井离乡，一部分躲藏入大不列颠岛西部的

㊀ 皮克特人原本与布立吞人同宗，在罗马征服不列颠岛南部后逃往北方不毛之地。盖尔人也是起源于凯尔特人，原本生活在爱尔兰岛，后来扩张到不列颠岛西北部。二者后来融合形成苏格兰人（Scots）。

威尔士山地，以后就成了威尔士人（Welsh）；另一部分则跨海逃亡到高卢的最西端，这个地方以后就被称为布列塔尼（Brittany），意思就是“布立吞人的土地”，又被称为“小不列颠”。

鸠占鹊巢的日耳曼蛮族们安定下来之后就在大不列颠岛上建立了七个国家：东盎格利亚（East Anglia）、默西亚（Mercia）和诺森布里亚（Northumbria）由盎格鲁人建立；埃塞克斯（Essex）、萨塞克斯（Sussex）和韦塞克斯（Wessex）由撒克逊人建立；肯特（Kent）由朱特人建立。这些蛮族起初并不信奉基督教。公元597年，罗马教皇格里高利一世（Pope Gregory I，590—604年在位）派遣修道士奥古斯丁（Augustine of Canterbury，?—604）渡海来到肯特传教。㊀经过一番努力，最终七国蛮族都接受了基督教信仰，加入西欧基督教大家庭。

公元829年，威塞克斯国王埃格伯特（Ecgberht，770—839）一度统一七国，不列颠岛眼看就要重回太平盛世。然而就在这个时候，差不多就是当年盎格鲁—撒克逊人发迹的地方，一股新的势力又开始觊觎这片土地。这就是丹麦人（Danes）。现在轮到已经习惯定居生活的盎格鲁—撒克逊

㊀ 据说格里高利一世有一次在罗马奴隶市场看到一批待出售的儿童长相非常清秀可爱，就问他们是从哪里来的，这些孩子回答说自己是盎格鲁人。格里高利惊叹说：“这真的就是安琪儿（“Angel”，与盎格鲁人“Angles”两个单词非常相似）啊！”于是就对这个遥远之地产生了浓厚的兴趣，决心一定要将他们拉入基督的怀抱。

人来尝尝被野蛮的维京海盗侵略滋扰的滋味了。

作于同时代的埃塞尔斯坦国王画像，是现存最古老的英王画像

这场斗争持续了200多年，盎格鲁—撒克逊人穷于应对，苦不堪言。在此期间，公元927年，威塞克斯国王埃塞尔斯坦（Æthelstan，894—939）打败丹麦人，再次统一盎格鲁—撒克逊人生活的土地。这片土地从现在开始被通称为“盎格鲁人之地”，也就是英格兰（England）。埃塞尔斯坦是第一位自称为“英格兰人之王”（King of the English）的人，历史学家后来将这一年定为英格兰王国的开端。

10世纪末，丹麦人再次大举入侵。为了抵御强敌，英格兰国王“决策无方者”埃塞尔烈德（Æthelred the Unready，978—1016年在位）迎娶诺曼底公爵理查一世的女儿埃玛（Emma，985—1052）为王后，以希望得到强大的诺曼人支持。然而此举并未能挽救他的国家。在他死后，已经控制了英格兰东部地区的丹麦王子克努特（Cnut the Great，1016—1035年为英格兰国王）在全英贵族会议上被推选为英格兰国王[一]，并与埃玛结婚，继续立她为后，以维持与诺曼底的友好关系。

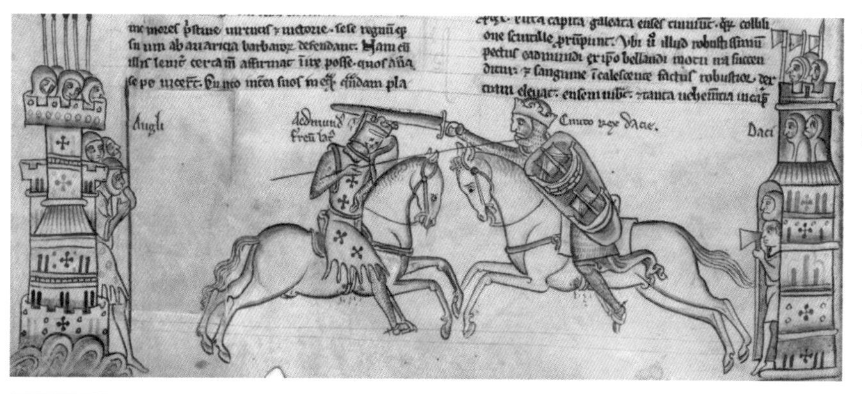

克努特（右）与埃塞尔烈德长子埃德蒙比武（作于13世纪）

[一] 克努特不久之后又回国继承了丹麦王位，然后再夺取了挪威王位，建立了一时无双的北海帝国，人称“克努特大帝”。

“忏悔者”爱德华的御玺

克努特统治英国20年。他去世后，他的两个儿子先后继承英格兰王位。在这之后，由于丹麦人一时推不出合适的人选，于是英格兰贵族们趁机选举埃玛与埃塞尔烈德所生的儿子“忏悔者”爱德华（Edward the Confessor，1042—1066年在位）为新国王。英格兰的历史进程即将来到一个关键的转折点。

6-2 威廉征服英格兰

1066年9月27日，正当诺曼底小地主坦克雷德的几个儿子忙着征服意大利南方和西西里岛的同时，在欧洲大陆的另一端，诺曼底大领主威廉公爵登上战舰，朝向大不列颠岛开去。他也要为自己去开辟一块新天地。

忏悔者爱德华做国王25年，没有留下子嗣。他在位的时候，权臣哈罗德·戈德温森（Harold Godwinson，他的妹妹是爱德华的王后）一家“势焰熏天”，毫不掩盖将来要取而代之之意。爱德华对之深感厌恶，绝不愿

据说是由玛蒂尔达和她的侍女们刺绣的《贝叶挂毯》（Bayeux Tapestry），长70米、宽0.5米，全景展现了威廉与哈罗德的王位争夺过程，是极为珍贵的史料。本局部左半幅展现的是忏悔者爱德华的葬礼，右半幅表现哈罗德被推选为英格兰国王

本局部展现的是哈斯丁会战激战场景。右起第 1 位站立地上者为哈罗德，他被流矢射中眼睛，当场身亡，原本胶着的战斗立刻就分出了胜负

意死后把王国交到这个人手中，于是萌生要把王位交给他的侄儿诺曼底公爵威廉的想法。

然而英格兰的贵族们并不能接受由一位看起来与英格兰毫无瓜葛的诺曼人莫名登上他们的王位。爱德华一去世，他们就选举哈罗德为英格兰新国王。威廉决心用武力去为自己争取王冠。他一方面宣称自己拥有爱德华的传位遗嘱，而且他的妻子玛蒂尔达是盎格鲁—撒克逊先王的后代，另一方面他也竭尽全力去争取欧洲其他王公势力的支持，尤其是别有用心的罗马教会㊀的支持。

1066 年 10 月 14 日，在英格兰南部黑斯廷斯会战（Battle of Hastings）中，威廉战胜哈罗德，为自己赢得了英格兰王位。在这片土地上已经互相争斗了几百年的丹麦人与盎格鲁—撒克逊人一道，全体都沦为诺曼人的被征服者。这是大不列颠岛历史上最后一次被外族征服。

㊀ 当时的罗马教皇为亚历山大二世（Pope Alexander II），他的助手正是希尔德布兰德，后来的格列高利七世教皇。哈罗德事件正好给他提供了一个显示教会拥有决定王位归属权的机会。

6-3 彼得伯勒大教堂

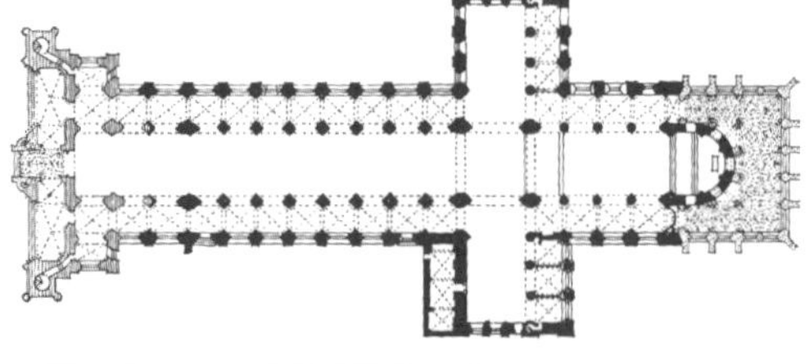
彼得伯勒大教堂平面图

伴随着诺曼人对英格兰的征服，罗马风建筑也被传入进来。1110年开始重建的彼得伯勒大教堂（Peterborough Cathedral）是英国现存最完好的罗马风时代建筑之一。它的中厅和横厅几乎完美地保持着12世纪的原貌，歌坛部分也大体保持完整。只是到了15世纪末又在东端加了一小段晚期哥特风格，把原本罗马风时代半圆形后殿给改成了具有英国哥特风格的直角形。中厅的屋顶是木制的，

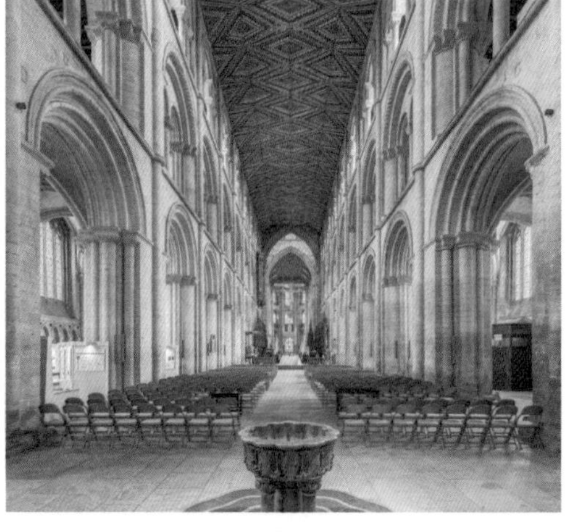
彼得伯勒大教堂中厅，向圣坛方向看（摄影：D. Iliff）

彼得伯勒大教堂彩绘木屋顶

彼得伯勒大教堂西侧外观（摄影：D. Iliff）

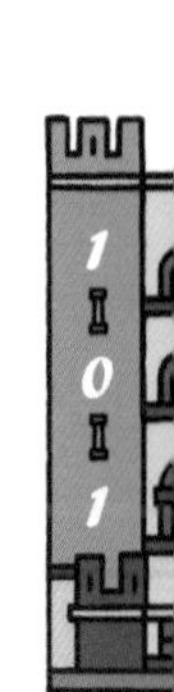

完成于 13 世纪，是英国保存最完好的彩绘木屋顶。教堂的西端入口原本有两座法国式的塔楼，13 世纪时又增建了一座具有浓郁英国哥特风格的大门楼，其三座巨型拱门的构图方式是全英国仅有的，极有特点。

6-4 圣奥尔本斯大教堂

圣奥尔本斯大教堂（St. Albans Cathedral）是为了纪念一位罗马统治时代的殉教者而建造的。诺曼人到来后，1077 年，新

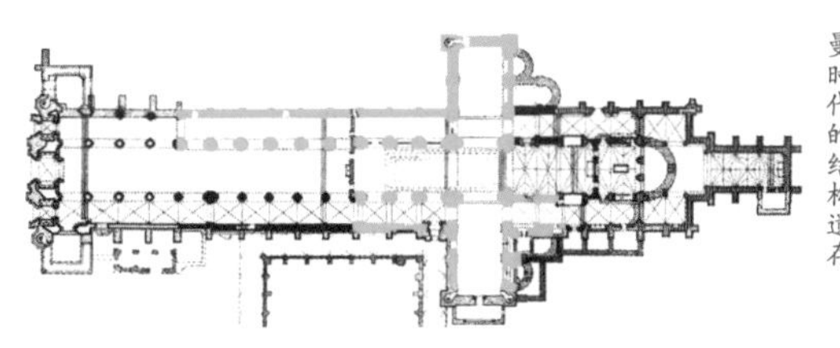

圣奥尔本斯大教堂平面图，绿色部分为诺曼时代的结构遗存

圣奥尔本斯大教堂中厅，由圣坛方向看，远处左侧墙面构造与右侧明显不同（摄影：D. Iliff）

圣奥尔本斯大教堂西侧鸟瞰

的大教堂按照罗马风格建造起来，以后又向西扩建。13世纪时，歌坛部分因为遭遇地震破坏进行重建。14世纪，中厅南侧部分墙体垮塌，而后按照哥特风格予以重建，从而在内部形成左右墙面造型风格迥异的中世纪特有景象。其十字交叉部的塔楼幸运地逃过历次劫难最终保存下来，成为英国仅存的11世纪教堂塔楼。

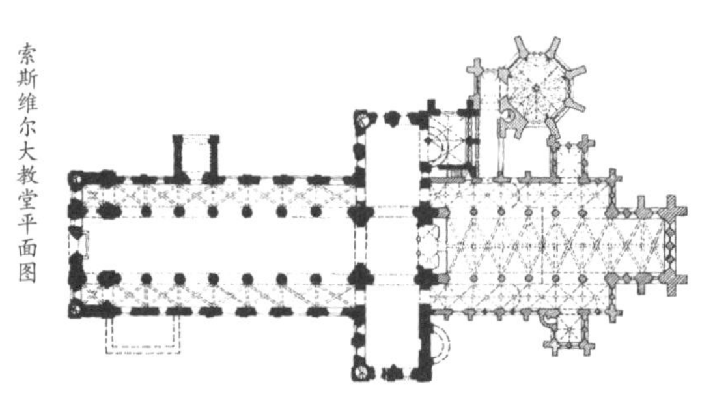
索斯维尔大教堂平面图

6-5 索斯维尔大教堂

索斯维尔大教堂（Southwell Minster）重建于1108年，以后在13世纪的时候歌坛又再次重建而具有哥特特征。这座教堂有两个地方特别有趣，一个就是它的诺曼中厅，两侧拱廊做法犹如法国尼姆的加德水道桥，配着上面的木质拱顶，显得十分拙朴。另一个有趣的地方就是它的哥特部分，大量使用植物纹样作为柱头和拱肋装饰，非常清秀动人。

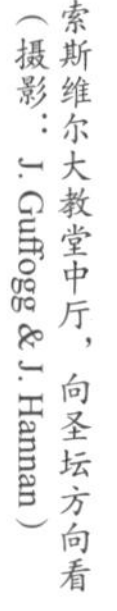

索斯维尔大教堂中厅，向圣坛方向看（摄影：J. Guffogg & J. Hannan）

索斯维尔大教堂歌坛柱头局部

索斯维尔大教堂歌坛屏风（摄影：D. Iliff）

6-6

达勒姆大教堂

达勒姆大教堂外观

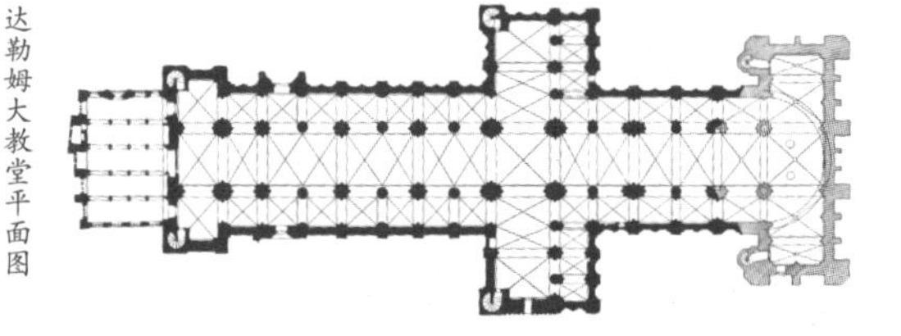
达勒姆大教堂平面图

1093年重建的达勒姆大教堂（Durham Cathedral）高耸在小山顶上，气势雄伟壮观。它的中厅总长度达143米，东端原本是半圆形，后来改成直角形。中厅两侧墩柱和束柱交替出现。墩柱周长达6.6米，柱身上凿刻着略带史前气息的几何图案，给人印象极为深刻。

这座教堂的中厅上方以四分交叉肋骨拱覆盖，这是英国第一座引入这种结构的

达勒姆大教堂内部

建筑。与米兰的圣安布罗乔教堂做法不同，达勒姆大教堂在开间的纵横两向都采用不同曲率的双圆心尖拱，这样一来就能够在保持对角斜拱仍然呈圆形的情况下，使拱顶沿着纵向平滑相连。这既消除了圣安布罗乔教堂那种拱顶中央隆起的现象，也避免了在卡昂的两座教堂中所出现的拱顶下陷感觉，是一种明显的进步。

达勒姆大教堂拱顶

6-7 博克斯格罗夫修道院教堂

建造于12世纪初的博克斯格罗夫修道院教堂（Boxgrove Priory Church）歌坛拱顶也是采用达勒姆大教堂类似的做法，通过调节开间纵横向的尖拱曲率来与半圆形对角线高度对齐。它的拱廊做法比较别致，每个开间拱跨内都套有两个较小的拱。

博克斯格罗夫修道院教堂歌坛

第三部 哥特时代

第七章 哥特时代的开端

『不要碰巴黎圣母院。』

1108

7-1 哥特建筑

12 世纪开始在西欧兴起的哥特建筑（Gothic Architecture）谱写了人类建筑史上光辉灿烂的篇章。

“哥特”(Goths) 原是参加灭亡西罗马帝国的北方日耳曼民族的名称。15 世纪的时候，意大利文艺复兴运动提倡复兴古罗马文化，试图从种族和历史角度贬低先前“蛮族”统治时代的艺术成就，就把这时期的建筑风格称为“中世纪”风格，后来又进一步称之为“哥特式”(Gothic)，意思就是“野蛮的、非希腊、非罗马的建筑风格”。当然，今天这个词已经不带有任何贬义了，特别是英国、德国和法国这些由日耳曼民族后代所建立的国家更是将哥特风格视为他们真正的民族风格。

7-2 圣丹尼教堂歌坛

哥特建筑首先兴起于法国王室领地“法兰西岛”中。

1135年，法国国王路易六世（Louis Ⅵ，1108—1137年在位）的权臣、修道院院长絮热（Suger，1081—1151）开始主持位于巴黎市北郊圣丹尼教堂（Basilica of Saint-Denis）的重建工作。圣丹尼（Saint Denis）是公元3世纪时的首任巴黎主教，后被罗马当局处死。传说他被斩首后捧着自己的头颅走了几千步才倒下。法国的基督徒们将圣丹尼视为是法国和巴黎的守护神，在他死去的地方建起教堂以示纪念。从墨洛温王朝开始，除了三位国王之外，其他的法国国王去世后都安葬在这座教堂里。

圣丹尼教堂彩色镶嵌玻璃画中的絮热像

圣丹尼教堂中的历代法国国王墓

作为路易六世的老友和重臣，絮热决心以重建圣丹尼教堂为契机，提振已经衰

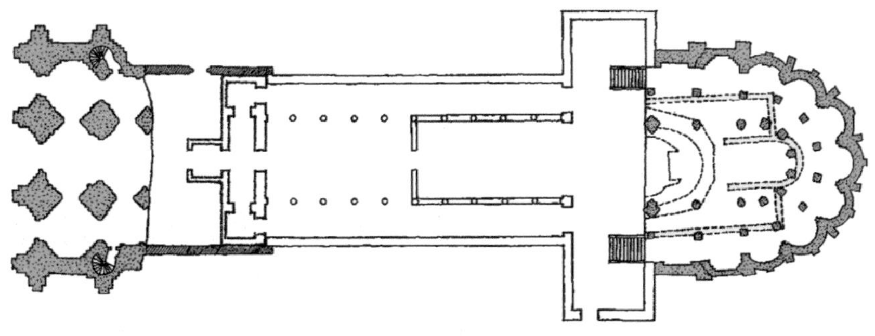

圣丹尼教堂平面图（1044 年）。绿色部分为絮热改建后的歌坛和西入口，黄色部分为被拆除的旧歌坛

微的国王权威。在担任圣丹尼修道院院长之后不久，他就开始着手对这座重要建筑的改造。工程首先从歌坛和西端入口立面做起。

克吕尼修道院教堂东侧外观复原图（E. Sagot 作于 18 世纪）

在歌坛部分，絮热准备新增一圈小礼拜室。按照罗马风时代法国已经形成的传统做法，比如左图所示的克吕尼修道院教堂，这些向外突出的小礼拜室的顶部一般是用半穹顶覆盖，通常支撑穹顶的墙体比较厚实，不会开大窗。而现在，絮热要换一种方式来做。

前面介绍过：在罗马风时代已经出现的交叉肋骨拱技术能够减轻拱顶重量，并且将拱顶重量通过拱肋集中传递到四个角的墩柱上；尖拱的应用能够降低拱顶对拱脚的侧推作用；而飞扶壁更能从外部进一步抵消推力。如果能够将这几个因素结合在一起进行考虑，就有可能使得在过去为了支撑屋顶重量以及平衡侧推力所必需的厚实墙体失去其结构方面的价值。

从左向右分别为：米兰圣安布罗乔教堂内的交叉肋骨拱、欧坦大教堂内的尖拱以及拉韦纳圣维塔莱教堂外的飞扶壁（6世纪）

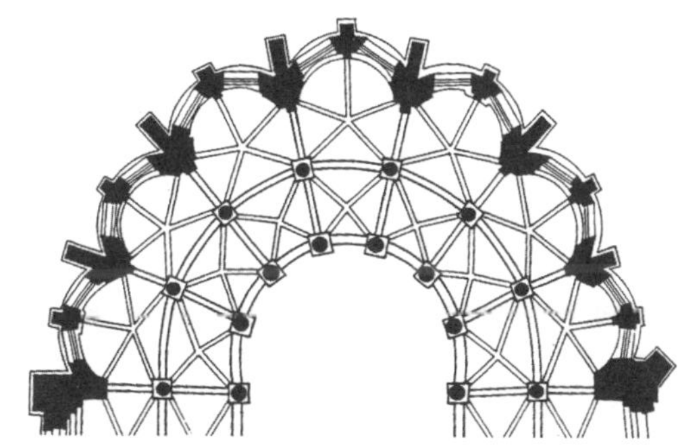

圣丹尼教堂重建后的歌坛平面图

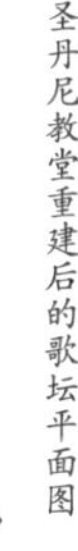

絮热是第一个认识到这种变化所可能蕴藏着的空间塑造潜力的人。他创造性地在歌坛后部十分复杂的环形平面上，应用交叉肋骨尖拱来作为穹顶骨架。由于认识到支撑肋骨拱的立柱间的墙体已经不再具有受荷作用，于是他将墙面全部打开，然后做成大面积的窗子。他将这些窗子用彩色玻璃进行装饰。这些彩色玻璃是一小块一小块地镶嵌在铅条形成的小格子上，然后再镶嵌在铁框上。就像过去做在墙上的马赛克镶嵌画一样，这些小块的彩色玻璃在窗户上拼出一幅幅无字的圣经。当太阳从东方升起，基督徒们走进教堂面朝东方做礼拜的时候，阳光从这些五彩的窗子中照射进来，就像伊波利

圣丹尼教堂重建后的歌坛回廊

圣丹尼教堂歌坛

圣丹尼教堂歌坛彩色镶嵌玻璃窗

特·丹纳形容的那样，在教堂内部普遍的冰冷惨淡的阴影笼罩下，“从彩色玻璃中透入的光线变做血红的颜色，变做紫石英与黄玉的华彩，成为一团珠光宝气的神秘的火焰，奇异的照明，好像开向天国的窗户”[22]，如同神的启迪和天国的荣耀，让教堂沐浴在奇妙的光的仙境中，为那些迷惘在现实的苦难和黑暗中的信徒指引出一条通向天堂的光明之路。这样一来，原本是物质的建筑构造忽然间被精神化了，被赋予了神秘的含义。这正是由此开始形成的哥特风格的精髓所在。

这座教堂西立面的改造要早于歌坛。按照罗马风时代形成的传统，也是做成两座塔楼和下面三座大门的模式。两座塔楼中原本较高的北塔在19世纪时被龙卷风摧毁。

圣丹尼教堂西侧外观

絮热去世后，中厅部分的改造暂时中断，直到将近100年后才得以继续。到那时，哥特建筑已经发展到辐射式阶段了。

7-3 桑斯大教堂

絮热在王室领地圣丹尼修道院教堂歌坛的这些极富想象力和创造力的尝试很快就博得人们认同，在当时被称为“现代式”或“法兰西式”——那时候没人把它叫作“哥特式”。伴随着国王势力的重振，这种新风格迅速在法国其他地区推广开来。

差不多也是在1135年开工的桑斯大教堂（Sens Cathedral）是第一座按照哥特风格来建造的大教堂。它的西立面也是法国典型的双

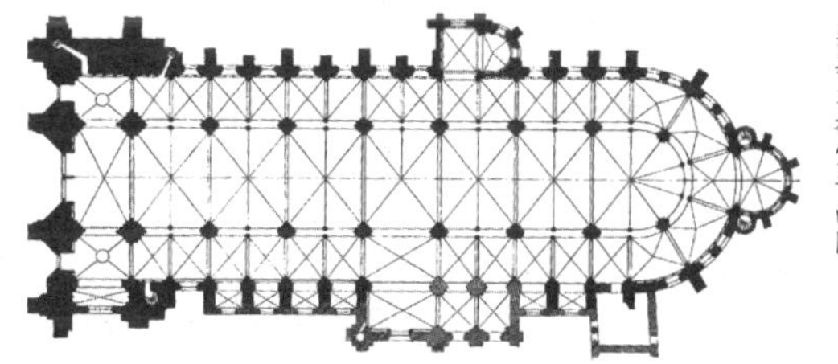
桑斯大教堂平面图

桑斯大教堂西侧外观

塔立面，现在也只留下一座塔。由于在建造过程中，右边的南塔曾经倒塌重建过，所以该立面左、中、右三部分呈现出不同的细部特点，其中左侧部分还保留罗马风时代的特点，而中部和右侧部分已是完全哥特化了。

桑斯大教堂的中厅采用六分肋骨拱覆盖。由于注意到达勒姆大教堂的建造经验，它在开间纵横两向均采用尖拱，这样一来就避免了卡昂的那两座同样采用六分肋骨拱的罗马风教堂所具有的中央下陷的感觉。

桑斯大教堂中厅，向圣坛方向看

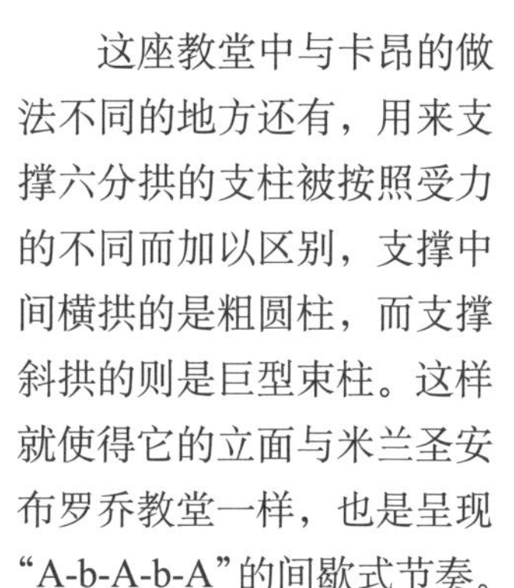

这座教堂中与卡昂的做法不同的地方还有，用来支撑六分拱的支柱被按照受力的不同而加以区别，支撑中间横拱的是粗圆柱，而支撑斜拱的则是巨型束柱。这样就使得它的立面与米兰圣安布罗乔教堂一样，也是呈现“A-b-A-b-A”的间歇式节奏。

桑斯大教堂剖面图

7-4 拉昂大教堂

1155年开始重建的拉昂大教堂（Laon Cathedral）双塔立面非常精美，尤其是转角部位旋转了45°，轮廓宛转曲折非常生动。在横厅的两端原本也计划各建造两座塔楼，最终各只建成一座，加上十字交叉部中央主塔，外表呈现出五座塔楼林立的壮观景象。

拉昂大教堂西侧外观（摄影：M. Brunetti）

教堂的侧廊分为上下两层，中厅侧墙由下至上呈现拱廊、楼座、楼廊和高窗四层构造。24米高的中厅拱顶也采用与桑斯大教堂相同

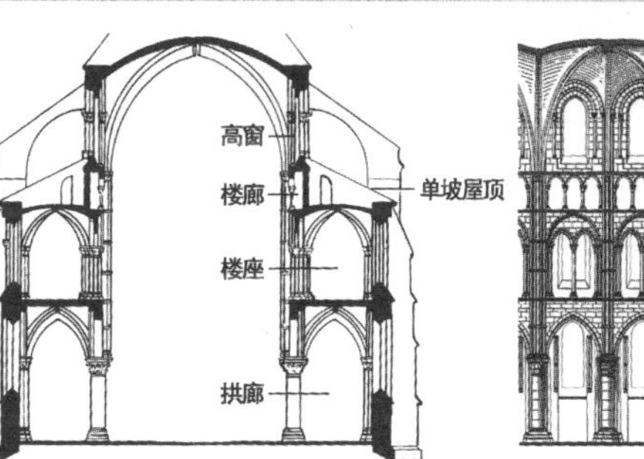

拉昂大教堂剖面图

拉昂大教堂中厅，向圣坛方向看

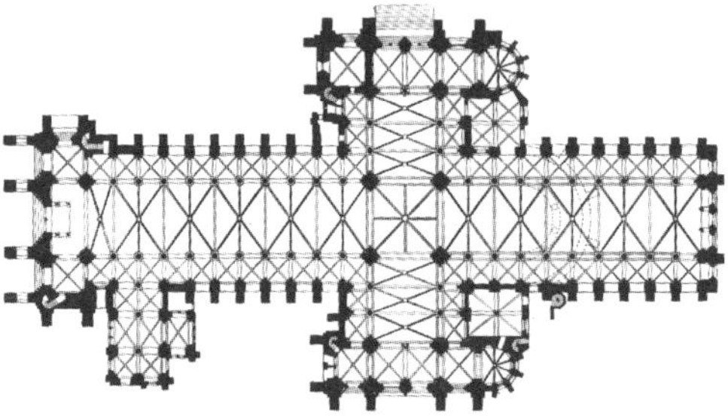

的六分肋骨尖拱的做法，但下面都采用相同的粗圆柱支撑。

教堂的歌坛平面原本也是法国传统的半圆形，后来在扩建的时候被改成直线形，更接近英国的特征。东端立面也做了一个与西端相似的玫瑰窗。

拉昂大教堂平面图

7-5 巴黎圣母院

巴黎圣母院大火

2019 年 4 月 15 日巴黎圣母院（Notre-Dame de Paris）发生的大火牵动了亿万人心。巴黎圣母院不仅仅是法兰西文明的重要象征，也是人类文明的杰出瑰宝，它的损失令人痛惻。

这座被维克多·雨果（Victor Hugo, 1802—1885）称之为“巴黎的头脑、心脏和骨髓”的建筑坐落在塞纳河（Seine）上的西岱岛（Ile de la Cité）上。这座岛是巴黎的发源地。

作为塞纳河上的重要渡口，巴黎第一次被载入史册是在恺撒征服高卢期间。当时生活在这一带的一支高卢部落巴黎希人（Parisii）加入了反抗罗马统治的起义队伍。恺撒在他所著的《高卢战记》里面记录了他的副将在这座岛上同巴黎希人的战斗，他称这里为卢泰西亚（Lutetia）。[23]

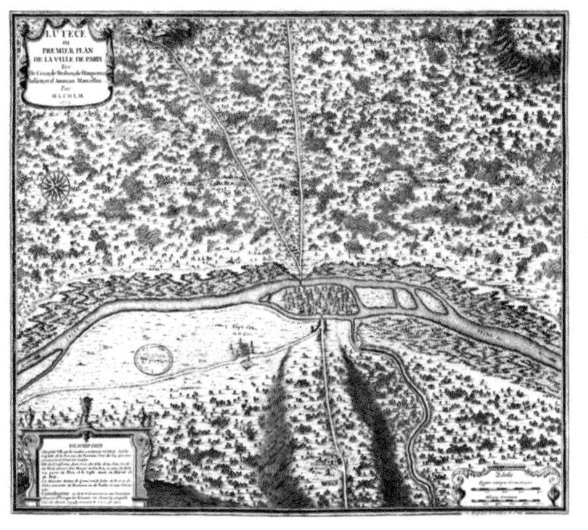

公元360年的卢泰西亚（N. de Lamare & A. Coquart作于1705年）

在罗马统治时代，卢泰西亚作为高卢行省的主要城市之一，它的重心是在塞纳河南岸。虽然常住人口大概只有6000人左右，但是罗马人却仍然在这里修建了宏伟的广场、剧场、角斗场（可以容纳17000人）以及大型公共浴场等许多公共建筑。而在西岱岛上，则建造有一座神庙，这就是巴黎圣母院的前身。公元360年，罗马将领尤利安（Julian，361—363年在位）在卢泰西亚被部下推举为皇帝。这是巴黎第一次在历史上扮演重要角色。

公元4世纪后期开始，罗马走向衰落，塞纳河南岸逐渐被放弃，居民们聚集在四面环水的西岱岛上以便加强防御。大约从这时起，人们开始将这座城市称为巴黎，意思是巴黎希人居住的地方。

罗马时代的卢泰西亚，右上角为西岱岛（作者：J. C. Golvin）

进入基督教时代之后，西岱岛上的神庙被改造为奉献给圣司提反的教堂，后来在公元6世纪进行了一次重建。公元987年，巴黎伯爵于格·卡佩被推选为法兰西国王，巴黎从此成为法国首都。在这样的背景下，旧有的圣司提反教堂因为规模太小而显得不敷使用。于是在1160年，巴黎主教莫里斯·苏利（Maurice de Sully）下令将旧教堂拆除，然后在原址按照刚刚开始流行的哥特风格修建起新的巴黎圣母院。

巴黎圣母院西侧外观

这座教堂拥有左右严整对称的双塔立面。28位古代以色列和犹大国王雕像与连续假券所形成的横向分隔带以及与双塔所形成的纵向分隔带交织在一起，形成一个严谨、协调的整体。

巴黎圣母院西侧大门

从意大利伦巴第地区传入的凹入壁龛式大门设计到这个时候已经发展到完美的境地。大门上的雕刻非常精美。在正中的大门上，尖券形门楣表现的是《最后的审判》：在威严的基督脚下，左边是受到祝福的人，他们得上天堂永享荣光；右边是被锁链牵住的恶人，他们瑟瑟发抖，一路走向厉鬼操纵的油锅里，不得超

巴黎圣母院西侧中门门楣

脱。这样一种直观的视觉感受显然比任何口头说教都更为有效。

巴黎圣母院立面上的石像鬼

除了这些圣经主题的雕刻外，在建筑的外表面上还有许多奇特而精致的石像鬼（Gargoyle）。这些怪兽有些是用来作为雨漏排水的用途，但也具有象征意义：恶势力被教会征服和囚禁，不论它们如何挣扎反抗，都无法逃脱。

巴黎圣母院北横厅玫瑰窗

巴黎圣母院西立面以及南北横厅外立面都作有玫瑰窗，其中西立面的玫瑰窗直径 9.6 米，而横厅山墙上的大玫瑰窗直径达 12.9 米，构图极为考究。

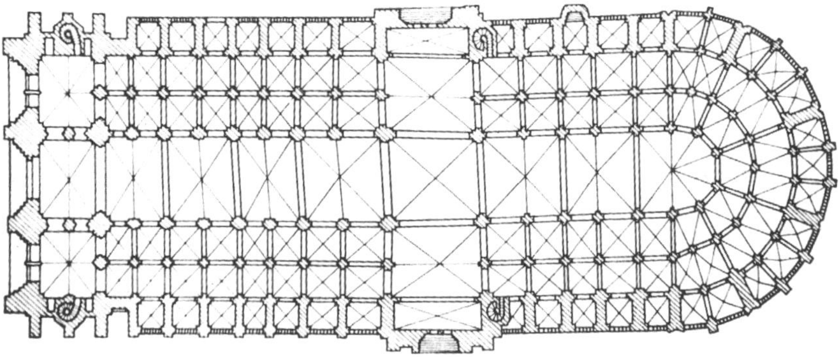

巴黎圣母院平面图

巴黎圣母院也是拉丁十字平面，长128米、总宽48米。其中厅高34米、宽13米。两侧各设有两道回廊，其中内侧回廊上有楼座。回廊外部环绕整座教堂都建有小礼拜室。歌坛很长，使横厅几乎位于纵轴线的中央。

从平面图上看，巴黎圣母院似乎是一座歪歪扭扭的建筑，但这种感觉你在实地是很难察觉到的。古人盖房子，不像我们今天这样一五一十全部都在绘图板前完成，然后交给工人精确施工，所以建出来的房子与图纸分毫不差。古代的工匠们主要是在现场决定房子的建造，尽管事后如果进行准确测量的话会发现诸多瑕疵，但这并不意味着这座房子实地给人的感觉

巴黎圣母院中厅，向圣坛方向看

巴黎圣母院解剖图（作者：S. Biesty）

就是糟糕的。古人更相信自己的眼睛，通过现场的直觉判断来确定房屋的有序美观，在这个过程中，他们容许建筑物的不同部分有细微的差别，因为许多差别在实地环境中是无法同时映入眼帘从而进行比较的。与我们今天在图纸上看到柱子没对齐、墙线画歪了就会产生不愉快的感觉不同，在复杂的环境中，那些差别很多时候不但不会刺激眼睛，反而会丰富视觉效果，使建筑的每一个部分都充满生机，都富有趣味。这或许正是许多古代建筑不像今天在图纸上画出来的建筑这样“僵硬死板”的原因之一。

巴黎圣母院中厅剖面图

巴黎圣母院的中厅也是采用六分肋骨拱覆盖。在这层石质的拱顶上方，还做了一层木制的坡屋顶，既是用于排水，同时也在外观上增加教堂的高耸感。与此同时，工匠们还在十字交叉部的上方用木头建造了一座尖塔。这座塔在建成500年后于18世纪倒塌，而后在19世纪又予以重建。

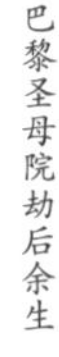

巴黎圣母院劫后余生

第八章 盛期法国哥特教堂

『他们用对艺术的誓言，赎回了血腥的历史。』

8-1 12—13 世纪的西欧和法国

对于西欧来说，12—13世纪是一个激动人心和蓬勃向上的时代。1095年开始的十字军东征运动（Crusades）揭开了这个时代的序幕。重新占领巴勒斯坦的巨大胜利极大地刺激了西欧的信心，他们相信自己已经从烧尽旧时代的烈火中重生，上帝与他们站在一起，只要他们愿意，就没有办不到的事情。另一方面，

十字军围攻安条克（作于 15 世纪）

十字军建造的叙利亚克拉克骑士堡（Krak des Chevaliers）

十字军东征也给长期处在黑暗时代的西欧打开了一扇光明的窗子。他们的目光被东方宫廷琳琅满目的奢侈品所吸引，大大促进了西欧城市生活的复苏、工业贸易的发展和中产阶级的成长。

腓特烈一世参加十字军东征（作于15世纪）

12—13世纪也是骑士和英雄辈出的时代。在十字军队伍中，除了有像诺曼人博希蒙德这样的冒险家之外，也有像神圣罗马帝国皇帝腓特烈一世（Frederick Ⅰ，1155—1190年在位，死于第三次十字军东征途中）、英国国王“狮心王”理查（Richard the Lionheart，1189—1199年在位，参加第三次十字军东征）、法国国王腓力·奥古斯都（Philip Augustus，1180—1223年在位，参加第三次十字军东征）等传奇帝王。

法国国王腓力（中）和英国国王理查接受阿卡（Acre）投降（作于14世纪）

12—13世纪还是大学竞相诞生的时代。1088年，第一所不是由教会主导的大学在意大利博洛尼亚诞生。随后不久，英国的牛津大学（1096年）、剑桥大学（1209

年），法国的巴黎大学（1150年）、蒙彼利埃大学（1289年），意大利的那不勒斯大学（1224年）、罗马大学（1303年），西班牙的萨拉曼卡大学（1218年）和葡萄牙的里斯本大学（1290年）等数十所大学相继诞生。在这之中，巴黎大学是最有影响的一所。在12—13世纪时，巴黎大学荟萃了包括阿伯拉尔（Abelard，1079—1142）、托马斯·阿奎那（T. Aquinas，1226—1274）和罗杰·培根（R. Bacon，1214—1294） 等众多西欧思想界的精英，被教皇英诺森三世（Pope Innocent Ⅲ，1198—1216年在位）称为“为整个世界烤面包的炉子”。他们所倡导的亚里士多德主义经院哲学思想重新将人类理性引入西欧世界，恢复了人们对理性的信念，使西欧真正摆脱愚昧和野蛮状态。

巴黎大学盾形徽章

圣托马斯·阿奎那的胜利（L. Memmi 作于 1323 年）

也是在12—13世纪，法兰西逐渐发展成为西欧最耀眼的国家。在1180年腓力·奥古斯都登基时，法国还是一个诸侯自行其是、王权无足轻重的国家。特别是诺曼底公爵“征服者”威廉的后代，历代英国国王们通过各种方式所控制的法国土地甚至超过了法国总土地的一半。1199年，“狮

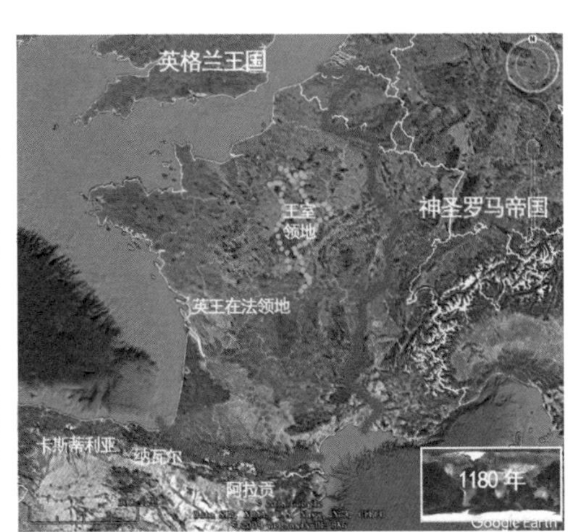

法兰西王国（1180 年），绿色为王室直辖领地

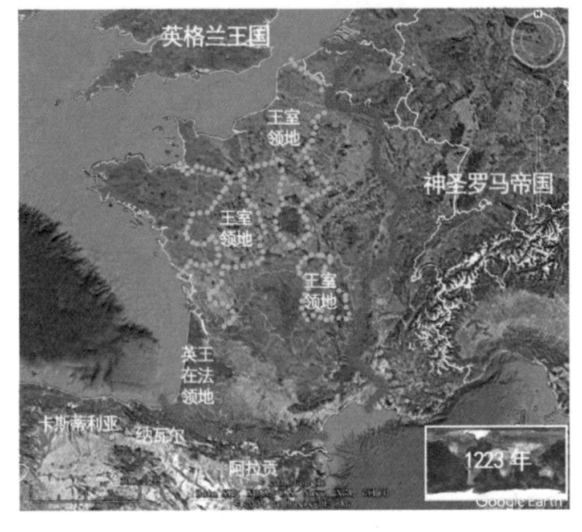

法兰西王国（1223 年）

心王”理查去世，他的弟弟约翰（John，1199—1216 年在位）继任英国国王。约翰谋杀了继位顺序本当优于自己的侄儿——当时被封为法国的布列塔尼公爵，还在 1200 年强娶属下一位封臣的未婚妻。这些暴行引发众怒。早就觊觎英国国王领地的法国国王腓力·奥古斯都抓住这个大好机会，假借封建法律判决约翰有罪，宣布没收英国国王所有在法封建领地。无能的约翰王无力捍卫他的领土，包括“征服者”威廉起家的诺曼底在内，历代英国国王辛辛苦苦积累下来的法国领地在短短的时间内几乎全部丧失。在没收了大量土地之后，法国王室实力大大加强。在其后连续几位有为国王的领导下，到 1300 年时，法兰西已经以欧洲最强大王国的面目出现，就连不可一世的罗马教会也不得不向法国国王低头。1303 年，法国国王腓力四世（Philip Ⅳ，1285—1314 年在位）向妄图成为天主教世界最高首领的罗马教会发起挑战，将教皇卜尼法斯八世（Pope Boniface Ⅷ，1294—1303 年在位）擒获，使教皇权威受到前所未有的冲击。他还迫使继任教廷从罗马迁往法国南部的阿维尼翁（Avignon）。其后四分之三个世纪一直都由法国人出任教皇。日益强大起来的国王们终于在与教会的持久斗争中取得大胜。曾经如日中天的罗马教会至此跌落，为以后的文艺复兴和宗教改革让出了空间。

8-2 沙特尔大教堂

沙特尔大教堂剖面图（作者：G. Dehio & G. von Bezold）

在政治上日渐强大的同时，法国哥特建筑也迎来了它的巅峰。1194年在一场火灾之后重建的沙特尔大教堂（Chartres Cathedral）标志着法国哥特建筑盛期的到来。与初期的哥特教堂相比，盛期的法国哥特教堂具有这样一些基本特点：

首先，教堂的中厅高度显著增加。由于对尖拱结构特性认识大大加深，以及飞

沙特尔（作于17世纪）

沙特尔大教堂中厅，向西端入口方向看

扶壁建造技术日趋成熟，这就使得工匠们已经有信心去对抗和控制侧推力，可以放心大胆地去建造高耸的中厅，而不用担心其倒塌的危险。沙特尔大教堂的中厅高度达到37.5米，超过此前中世纪建造的任何一座教堂。从结构上说，拱券和壁柱原本都是为了引导重量向下传递，但是在教堂内部现场的视觉感受却是截然相反，我们仿佛看到建筑物“被巨大的自我觉醒的浪潮所裹挟，建筑整体以从所有材料重量、从所有凡世的羁绊中解脱出来的欢快的自觉意识而使自身向上伸展。壁柱变得高峻、细长，富于柔韧性，拱券在让人眩目的高度上失去了自己。”[24]早在罗马风时代就已经出现的指向上空的新的空间感受在这个时候得到极大增强。

沙特尔大教堂歌坛拱顶

沙特尔大教堂玫瑰窗，由左向右分别为：北窗、西窗和南窗

其次，室内采光进一步改善，彩绘玻璃艺术表现达到高潮。同样由于尖拱和飞扶壁技术的成熟，就使得以往在许多教堂中为了平衡中厅拱顶侧推力而增设的二层侧廊失去作用，多层飞扶壁可以直接从一层侧廊屋顶向上高高“飞”起。这样一来，中厅最上面一层的窗子就可以开得更大，更有利于室内采光和烘托气氛。沙特尔大

沙特尔大教堂彩色镶嵌玻璃窗局部

沙特尔大教堂彩色镶嵌玻璃窗

右图为卡昂圣三一教堂六分肋骨圆拱

左图为米兰圣安布罗乔教堂四分肋骨圆拱

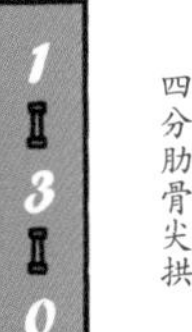

四分肋骨尖拱

教堂的彩绘玻璃窗是公认最杰出的中世纪彩绘玻璃艺术品，176 面彩绘窗子总面积达到 2500 平方米。

第三，四分肋骨拱的“重生”。我们已经在达勒姆大教堂中看到，由于尖拱的应用，只要恰当调整尖拱的曲率，就可以使四分肋骨拱覆盖长方形开间。现在，这个经验得到推广。不但开间纵横两向均可采用尖拱，甚至交叉方向也可采用尖拱以进一步减

右图为沙特尔大教堂四分肋骨尖拱

左图为桑斯大教堂六分肋骨尖拱

轻侧推力，并且拱顶又能沿纵向平滑相连。这样一来，构造复杂且形象不统一的六分肋骨拱就显得没有必要，又可以回复到更简洁的四分肋骨拱。

沙特尔大教堂中厅，向圣坛方向看

第四，指向圣坛方向的连续运动聚焦趋势以新的面貌得以重现。由于四分交叉尖拱可以覆盖长方形开间，这样一来，整个中厅柱子的样式又可以回复到真正统一的形象，这就使得罗马风时代被中断的指向圣坛方向的连续运动聚焦趋势得以重现。但它已不再是早期基督教堂中那种优雅的“a-a-a-a-a”，而是同时具有强烈向上动势的“A-A-A-A-A”。这样两种不同方向的运动趋势相互间产生了尖锐的矛盾冲突，似乎是在借此引起基督徒的冲动，“产生奋斗的情绪”[25]。我们已经考察过历史，从罗马风向哥特式发展的这个时期，恰恰是西欧从黑暗时代无尽的苦难中挣脱出来，怀着对未来的满腔希望，在包括十字军在内的各种旗号感召之下，开始迈

沙特尔大教堂中厅俯瞰

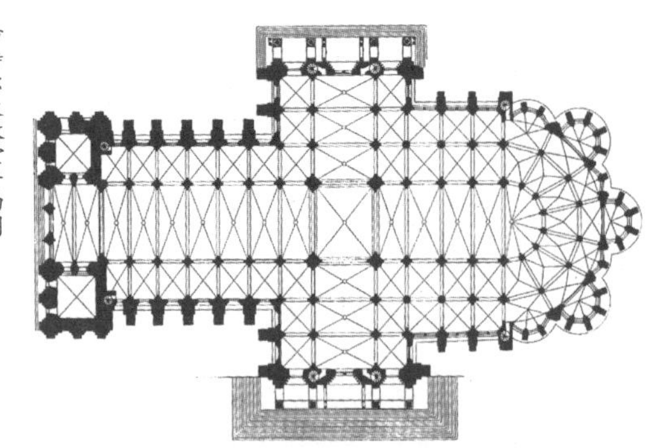
沙特尔大教堂平面图

沙特尔大教堂西侧外观

出他们认识世界和征服世界步伐的时期。盛期哥特教堂正是这种扩张精神在建筑领域的印证。

沙特尔大教堂的平面设计是哥特时代的典型代表。它的中厅两侧各只有一条侧廊，而歌坛部分却有两条侧廊环绕，使歌坛部分在整个平面中所占的比重进一步增大。

由于建造年代不同，沙特尔大教堂西立面双塔呈现出不同的造型特点。其中南钟塔是在 1194 年火灾中幸存下来的，依然保持罗马风时代的特征，其塔尖完成于 1175 年，高约 105 米，较为简洁；而高约 113 米的北塔完成于 1513 年，这时的法国哥特建筑已进入发展的最后阶段，装饰异常繁杂，大量使用类似火焰形状的花格窗，所以又被称为“火焰风格”（Flamboyant Style）。

沙特尔大教堂西入口

沙特尔大教堂在西端以及横厅南北端都设有大门。在这些大门上所装饰的雕刻都非常精彩，是哥特时代雕刻艺术的代表。西立面的三座大门都集中在双塔之间，这种做法比较少见。其大门两侧的雕像作于1145~1155年大教堂重建之前，其人物仍有中世纪僵硬刻板的特征。13世纪重建的南北横厅入口的雕像堪称是哥特雕刻艺术的精华。在

沙特尔大教堂北入口局部

沙特尔大教堂南入口局部

北入口，人物不但是立体的，而且似乎正要活动，预示古典雕塑艺术即将再生。在南入口可以看到同样的情形，特别是在其中一尊持矛武士雕像上，自罗马帝国灭亡后再一次看到了S形身体轴线的塑造，再一次看到了一个活生生的人，一个基督教战士。[26]

8–3 兰斯大教堂

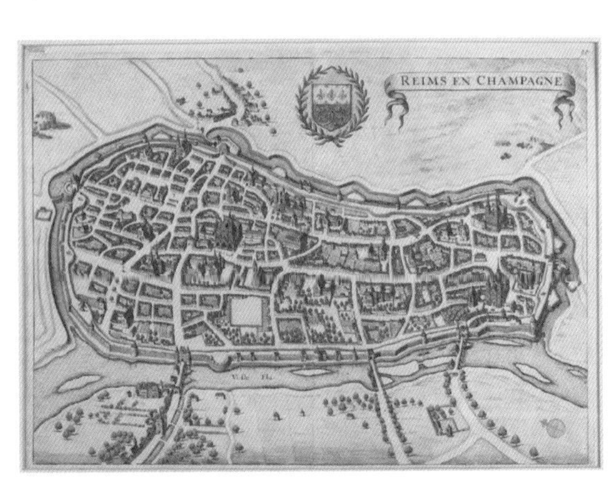

兰斯地图（作于17世纪）

位于巴黎东北方向的兰斯（Reims）其地名得之于恺撒时代就生活在这里的雷米人（Remi）。在恺撒征战高卢期间，雷米人是少数由始至终都对罗马人保持忠诚的高卢部落。在基督教时代到来后，兰斯扮演了更为重要的角色。公元508年，法兰克人首领克洛维就是在兰斯受洗皈依天主教，从此开创了法兰克人的传奇历史。

公元5世纪，第一座兰斯大教堂开始建造。公元816年，查理大帝的儿子虔诚者路易在这里接受加冕，成为第一位在兰斯加冕的法国国王。11世纪以后，在兰斯大教堂加冕就成为担任法国国王必经的一道程序，只有极个别例外。

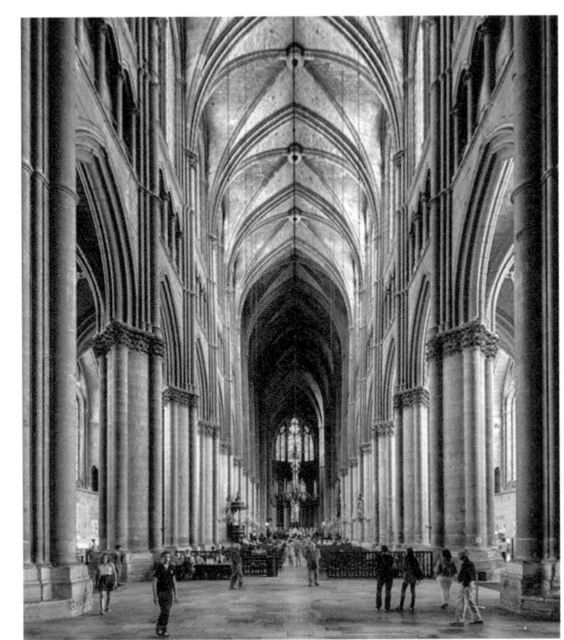

兰斯大教堂中厅，向圣坛方向看

兰斯大教堂透视图（作者：A. R. di Gaudesi）

兰斯大教堂西侧外观

兰斯大教堂平面图

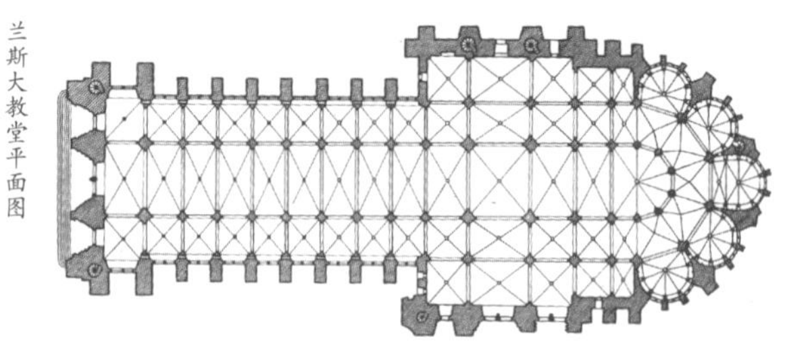

1210年，旧兰斯大教堂失火被毁，第二年，新教堂就开工建造，1275年主体结构完成。这座教堂内部全长138米（沙特尔大教堂是130米），中厅宽

14.65 米（沙特尔大教堂是 14 米），高 38 米（沙特尔大教堂是 37.5 米），各项主要数据都超过 17 年前开工的沙特尔大教堂，显示出兰斯人的竞争意识。

兰斯大教堂西侧入口雕像外观

兰斯大教堂双塔高 81.5 米，建成于同一时间，具有完美的对称性。其下入口大门的雕刻也十分精彩，尤其是其中一组雕像，人物之间似乎在进行对话，S 形的曲线身姿和微笑的情感流露都使她们成为哥特雕塑的杰出代表。

8-4 亚眠大教堂

法国哥特盛期的第三座大教堂是亚眠大教堂（Amiens Cathedral），也是在火灾之后重建，开工时间仅比兰斯大教堂晚 9 年，这个时间差足以让亚眠后来居上，以 42.3

亚眠大教堂西侧外观（摄影：R. Spekking）

亚眠大教堂中厅拱顶

米成为第一座中厅高度超过 40 米的哥特大教堂。

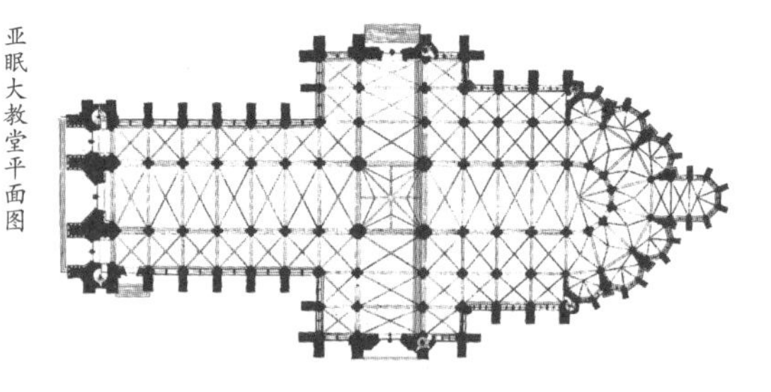
亚眠大教堂平面图

亚眠大教堂的外观也是典型的双塔立面，不过稍晚一些建成的北塔（68.2 米）高度略为超过了南塔（61.7 米），多少让人有不对称的缺憾感。

亚眠大教堂中厅俯瞰

大教堂室内地面铺装非常精美，特别是其中的巨大迷宫引人瞩目。黑白图案象征善恶交锋，“信徒们须跪爬其中，在善恶交织的迷雾中寻求通向天堂的道路。”

8-5
博韦大教堂

对于中世纪虔诚的基督教信徒们来说，频繁发生的火灾既是一种不幸，但也是成就伟大事业的机遇。1225 年火灾后开工的博韦大教堂（Beauvais Cathedral）将法国人探索哥特教堂中厅高度的努力发挥到了极限。工匠们使出他们的全部才干，试图用最细的支柱去支撑起最大的高度。他们经历了一次次失败的折磨，但始终不屈不挠，于 1272 年他们终于建成了教堂的歌坛部分。它的拱顶高

博韦大教堂东南侧外观（摄影：D. Iliff）

同比例尺比较，由左向右分别为：沙特尔大教堂、兰斯大教堂、亚眠大教堂和博韦大教堂

博韦大教堂歌坛（摄影：D. Iliff）

度在中世纪堪称举世无双，竟然达到了 48.5 米，宽度也达到 16 米，可以轻易地容下一座 16 层的现代高楼大厦。

但是这个高度确实太高了，超出了细小的支柱所能承担的极限，1284 年拱顶部分垮塌。工匠们并不放弃，经过长时间努力，他们在四分肋骨拱的中央增加了一道横拱支撑而使之成为六分拱，以减小开间跨度并增加支撑，终于在 1324 年又一次将歌坛的拱顶恢复起来。这真是令人难以想象，在没

博韦大教堂歌坛拱顶，红圈处可以看出增补的痕迹

有现代技术和施工手段的当年，信徒和工匠们是凭着怎样一种勇气和信念，用一小块一小块的石头建造出如此的人间奇迹！

由于这次事故的影响，再加上接下来法国遭遇的一系列不幸事件，博韦人直到1548年才完成横厅的建造。紧接着，博韦的工匠们又试图在交叉部上建筑一座高153米的巨塔并于1569年予以建成，其高度超过埃及金字塔成为当时世界最高的建筑。要知道埃及金字塔为了达到这个高度，它的底边边长足足有230米，而在博韦大教堂，交叉部的宽度还不到20米。然而这个纪录只保持了4年时间，1573年4月30日其塔楼倒塌，以后再未重建。

英国建筑史学家乔纳森·格兰西（Jonathan Glancey）评论说：“哥特式教堂可谓是欧洲文明史中的一朵奇葩。它试图通过当时的技术所能达到的最高的石拱券、塔楼以及尖塔，将

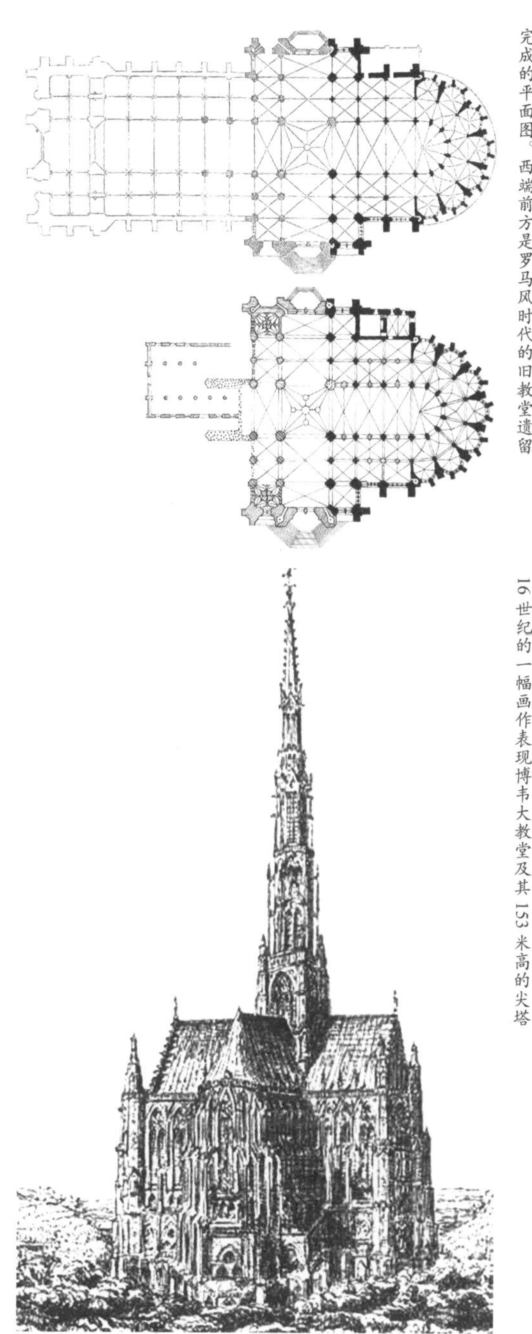

上图为博韦大教堂原计划建设的平面设计图，下图为最终完成的平面图。西端前方是罗马风时代的旧教堂遗留

16世纪的一幅画作表现博韦大教堂及其153米高的尖塔

博韦大教堂东侧外观

努瓦永大教堂西侧外观

我们平凡的生活与天堂沟通，以期触摸到上帝的脸庞。这些伟大的建筑，多亏了目光远大的业主和建筑师们，也多亏了石匠们的一双双巧手。在高高的船形结构的中殿上面，我们可以发现精雕细琢的天使、恶魔、叶形纹饰以及叶尖饰等中世纪工匠们的杰作。对于他们来说，献给洞察一切的上帝的礼物，不可能再有比这些更美更好的东西了。”[27] 沙特尔、兰斯、亚眠和博韦的大教堂是中世纪人类智慧、信仰和力量的代表。

8-6 努瓦永大教堂

努瓦永（Noyon）是一座古老的法国北方城市，曾经见证过两位重量级法兰克国王的加冕仪式：公元 768 年的查理大帝和公元 987 年的于格·卡佩。1150 年，在老教堂被火烧毁后，新的努瓦永大教堂按照哥特风格开工建造。

与大多数法国教堂相比，这座教堂最特殊的地方在于它的东半部分采用三叶形平面，也就是将横厅的两端也做成半圆形。另一个特殊的做法在它的中厅拱顶。原本是打算做成早期哥特式那样的六分肋骨拱，但是在建造完柱子准备开始修建拱顶的时候，方案又被按照最新的“时尚”改成了四分肋骨拱样式，于是就形成了拱顶与柱列两者不完全一致的现象。这是中世纪建筑的一个有趣特点，因为建造时间拉得很长，所以经常会出现前后风格不统一的现象。但其实这也无妨，建筑的目的最终还是使用，只要用的人觉得好用就是最好的了。这些差异又有几个人能察觉到呢？就算察觉到了，了解到其中的渊源，也会莞尔一笑吧。所谓“建筑是凝固的历史”，大概这也算是一个层面了。

努瓦永大教堂平面图，红色线为拱顶现状

努瓦永大教堂中厅拱顶

努瓦永大教堂中厅，向圣坛方向看

8-7 图尔奈大教堂

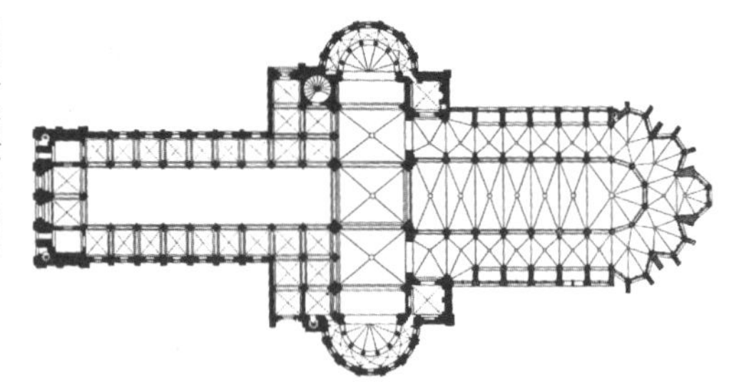

图尔奈大教堂平面图

图尔奈大教堂内景，从门厅向圣坛方向看

图尔奈大教堂北侧远眺

图尔奈（Tournai）是比利时靠近法国边境的城市，在16世纪以前，它都是法国领土的一部分。12世纪初，图尔奈从努瓦永教区分离出来成为新的教区。为纪念此事，新的大教堂开始建造起来。

由于建造时间恰好跨越从罗马风向哥特式转变的时期，所以先行建造的中厅和横厅是按照罗马风时代的标准建造的。而到了13世纪建造歌坛的时候已经进入哥特时代，于是就参考亚眠大教堂的型制建成了歌坛，其体量明显要大过于中厅和横厅。据说曾有计划要将中厅和横厅再按照哥特方式重建，不过因为财力有限未能付诸实行。在建造歌坛的时候，横厅两端的塔楼也被按照主教的意图建造起来，南北各有两座塔楼，高度都与十字交叉部塔楼相同，都是83米，从而形成壮观的塔楼群，成为图尔奈大教堂最具特色的景象。

8-8 布尔日大教堂

1195 年差不多与沙特尔大教堂同时建造的布尔日大教堂（Bourges Cathedral）是第一座建造在横亘法国中部的卢瓦尔河（Loire）以南的哥特大教堂，展现了法国哥特教堂的另一种主要类型。

我们前面看到的沙特尔、兰斯、亚眠和博韦大教堂都有一个共同特点，它们的侧廊高度都不到中厅高度的一半，因而中厅与侧廊从体量和视线上被明显区分开。而布尔日大教堂却是另一种不同的做法。它的中厅高 37.1 米，比亚眠大教堂中厅矮了 5 米多，而它的内侧廊高度却有 21.3 米，比亚眠大教堂侧廊要高出 1.6 米。由于布尔日大教堂的侧廊高度超过中厅高度的一

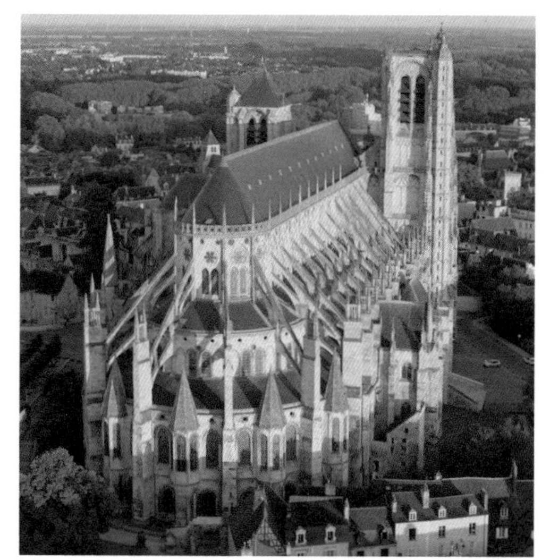

布尔日大教堂东侧外观

亚眠大教堂剖面图

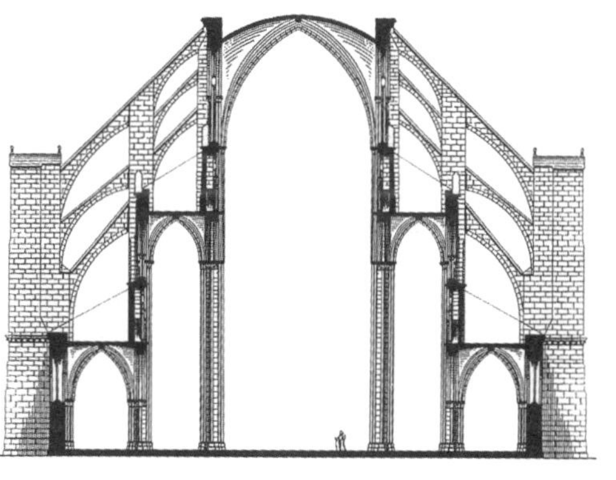

布尔日大教堂剖面图，本图与上图为同一比例

右图为布尔日大教堂内部，左图为亚眠大教堂内部

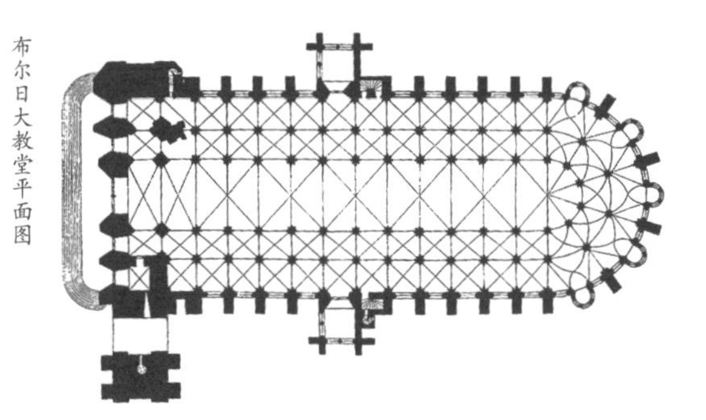

布尔日大教堂平面图

半，所以它的中厅与侧廊空间从视觉上看似乎被统一起来，形成一个完整的大厅空间，中厅与侧廊之间的柱列看上去只不过是这个大厅中的普通柱列一样，而并未如亚眠大教堂那样起到空间分隔的作用。这种类型的设计后来很流行，被称为大厅式教堂（与之相对，像亚眠大教堂这种类型，或可称之为中厅式教堂）。

布尔日大教堂中厅，向圣坛方向看

布尔日大教堂的平面布局是以巴黎圣母院为蓝本，在中厅两侧同样拥有双重回廊，拱顶也仍然采用六分肋骨拱。但是它没有建造横厅，并且它的两道侧廊高度也是不一样的，最外侧的侧廊只有 9.5 米高（与之相比，巴黎圣母院两道侧廊高度几乎

是一样的，都是10米左右，其中内侧侧廊做成两层），这样中厅向外就形成了金字塔状的落差，每一道侧廊都开有窗户，于是整个教堂内部空间就显得格外亮堂。

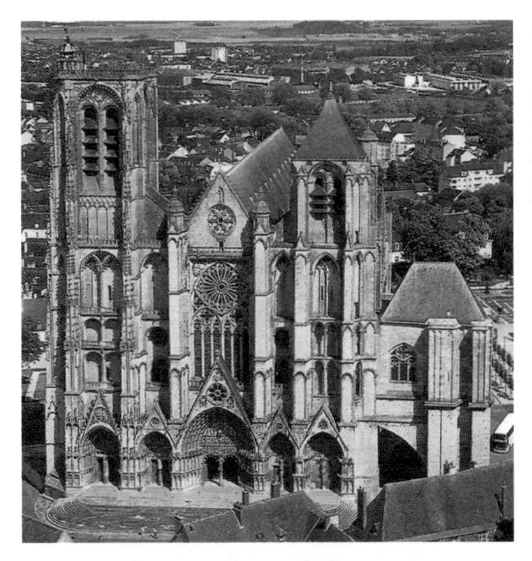

布尔日大教堂西侧外观

教堂的西端立面也是法国传统的双塔式立面，但是对应内部的每一道中厅和侧廊都建有一座大门（巴黎圣母院是两道侧廊共用一座大门），这样一来正面就拥有了五座大门，这是非常罕见的。在建造南塔的时候，由于结构不够稳固，于是在14世纪初又增建了一座扶壁塔，这样就使得它的整个立面宽度达到73.5米，成为拥有最宽立面的法国哥特教堂。北塔则是在16世纪初倒塌后重建的，与南塔在风格上有所差异。

布尔日大教堂西入口

勒芒大教堂

勒芒大教堂歌坛剖面图

位于法国中部的勒芒大教堂（Le Mans

勒芒大教堂歌坛拱顶

Cathedral）也是由12世纪建造的罗马风中厅与13世纪建造的盛期哥特风格的歌坛组合而成。其歌坛具有鲜明的大厅式特征，两道侧廊与中央空间也形成了明显的金字塔状落差。与布尔日大教堂相比，它的歌坛立面取消了楼廊，拱廊的上方直接就是高窗，使其成为更加简洁的形态。

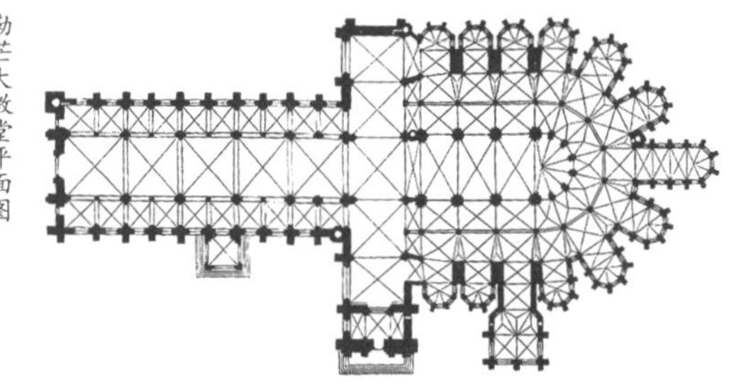
勒芒大教堂平面图

这座教堂最有特色之处是其歌坛外部附设的13座小礼拜堂，它们的纵深被拉得很长，沿着半圆形歌坛向四周发散，不论是从平面还是在外部观看，都会给人留下深刻的印象。

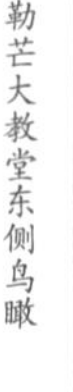

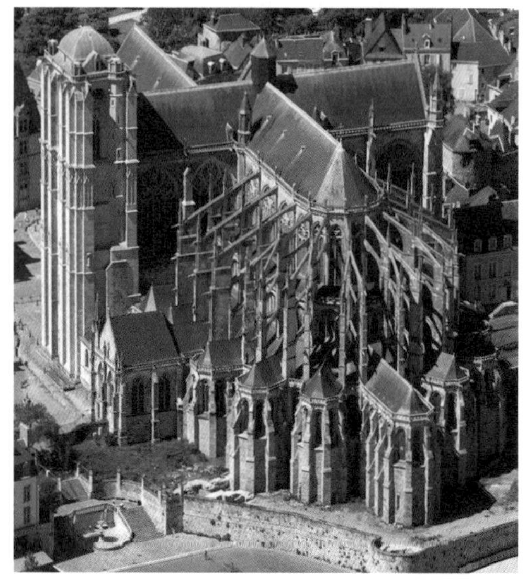
勒芒大教堂东侧鸟瞰

在歌坛和横厅按照哥特风格重建改造完成后，原本罗马风时代建造的中厅也要进行改造，但后来因为各种原因未能进行。北横厅尽端的塔楼也没能建造。

8-10 库唐斯大教堂

位于诺曼底的库唐斯大教堂（Coutances Cathedral）是一座很有意思的建筑。它的西立面塔楼造型很有特点，两个外角得到特别加强，在保持整体对称的前提下实现局部的变化，从而丰富建筑造型语言。

这座教堂的中厅以及第一道侧廊（下页平面图黑色部分）建造于 13 世纪初，是按照沙特尔大教堂中厅的方式来建造的。而后在该世纪中叶建造歌坛（下页平面

库唐斯大教堂西南方向鸟瞰

库唐斯大教堂内景，向西端入口方向看

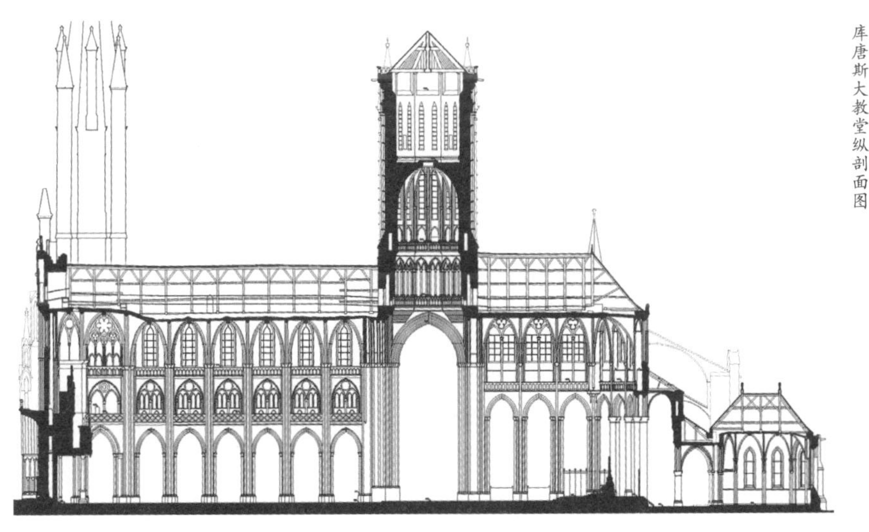

库唐斯大教堂纵剖面图

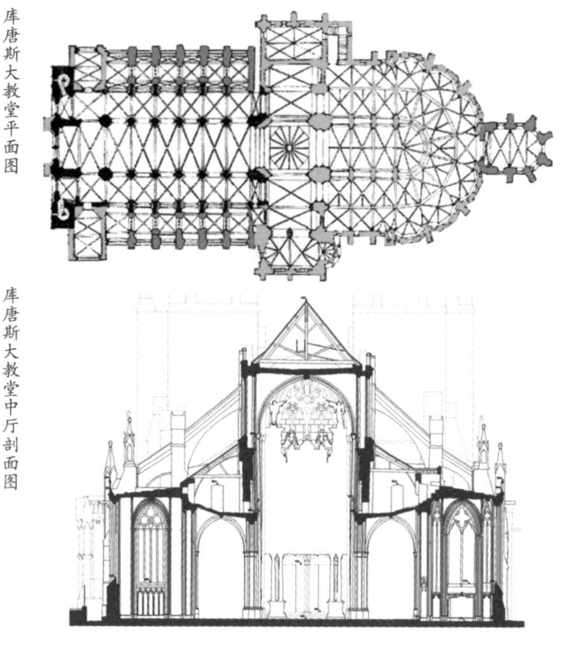

库唐斯大教堂平面图

库唐斯大教堂中厅剖面图

图绿色部分）的时候又改用布尔日大教堂的大厅式，外侧有两道侧廊。再往后的14世纪，又在中厅第一道侧廊外增建了第二道侧廊（左侧平面图红色部分），它的高度竟然比内侧的第一道侧廊更高，形成别具一格的横截面特征。

8–11 普瓦捷大教堂

位于法国中西部的普瓦捷是一座在中世纪历史上屡屡扮演重要角色的城市。

首先是在公元732年，查理·马特带领的法兰克军队在普瓦捷与图尔之间的乡野上击败了来犯的阿拉伯军队（又被称为图尔会战），拯救了西欧。

接着是在1152年，阿基坦女公爵兼普瓦图女伯爵埃莉诺（Eleanor of Aquitaine，1122—1204）在这里嫁给正在谋取英国王位的亨利二世（Henry Ⅱ，

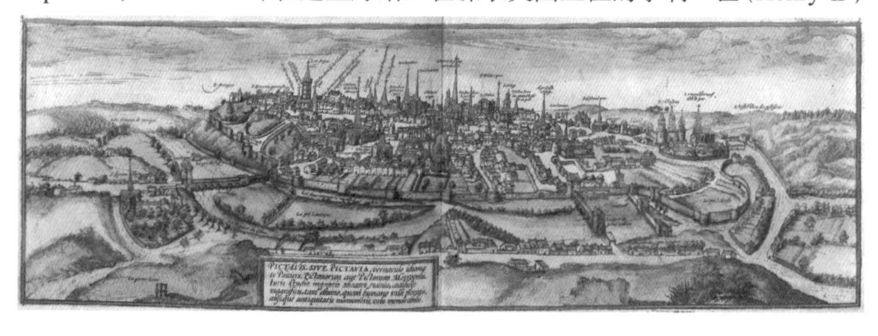

普瓦捷（作于16世纪）

1154—1189 年在位），震惊欧洲。埃莉诺原本已经嫁给法国国王路易七世（Louis Ⅶ，1137—1180 年在位），随身带着普瓦图和阿基坦两块庞大领地作为嫁妆，准备在下一代时并入法国国王直辖领地。然而她的性格与丈夫格格不入，一个是热情奔放的南方人，一个是严峻虔诚的北方人。埃莉诺婚后一连生了两个女儿而没能生下儿子。对于当时的法兰西宫廷来说，在这个武士主宰的世界里，只有儿子才能够拥有继承权，所以国王必须要有儿子㊀。在这种情况下，早就对埃莉诺的张扬个性深为不满的法兰西宫廷和教会联起手来，宣布他们两人有血缘关系，婚姻无效。这个离婚事件对于年仅 19 岁的亨利来说简直是一个天赐良机。他迫不及待地奔向埃莉诺的领地，就在埃莉诺离婚还未满两个月之际，两人在普瓦捷结婚，将整整半个法国都变成为英国国王的领地，为日后持续数百年的英法冲突开启了肇端。埃莉诺与亨利结婚后，一连为他生了四个儿子，揭开了英格兰历史上声名显赫的金雀花王朝（House of Plantagenet，1154—1485）的序幕。他们的第二个儿子就是狮心王理查。而路易七世之后又经过两次婚姻，终于生下了王位继承人腓力·奥古斯都。

普瓦捷大教堂彩色镶嵌玻璃画中的亨利二世与埃莉诺像（下方人物）

最后就是 1356 年，埃莉诺的后代英国王太子“黑太子”爱德华（Edward the Black Prince，1330—1376）在普瓦捷郊外的会战中以少胜多，一举击败法国国王约

㊀ 法兰西宫廷当时实行的是萨利克法（Salic Law），这个法律禁止女性后裔继承土地。但是在其他一些地方，比如阿基坦和英格兰，女儿可以在一定条件下继承土地。这样的认识差异也是后来导致英法百年战争的起因。

普瓦捷大教堂西侧外观

普瓦捷大教堂中厅，向圣坛方向看

翰二世（John II，1350—1364年在位）亲自率领的大军，并生擒法国国王，书写了百年战争中的一段精彩篇章。

亨利二世与埃莉诺结婚后不久，就下令重建普瓦捷大教堂。这座教堂是一座典型的大厅式教堂，它将侧廊的高度（24米）提升到与中厅（30米）相差无几，并且取消中厅上的高窗和楼廊，完全靠侧廊上的侧窗进行采光，空间的整体性得到了最大程度的表现。

8–12 阿尔比大教堂

阿尔比十字军（作于14世纪）

位于法国南部的阿尔比（Albi）是12~13世纪时开始流行的基督教“异端”清洁派（Cathari，或译为迦他利派、卡特里派）的传播中心。由于这个教派所宣扬的观点与正统的天主教教义不合，被罗马教廷宣布为异端，后于1209~1229年组织十字军予以残酷镇压。

作为天主教胜利的象征，阿尔比大教堂于 1282 年开始建造，最终于 1480 年完工。这座教堂不像通常那样采用石材，而是按照当地的传统采用 2.5 米厚的砖墙作为主要承重结构，外观结实厚重，象征震慑异端的堡垒。教堂的西端是一座 78 米高的钟塔，而将主要大门设在中厅南侧，通过一段精心设计的台阶出入。

阿尔比大教堂西侧外观

教堂内部采用单厅式平面设计，没有侧廊和横厅，以聚焦信徒的注意力。中厅旁排列着 29 间装饰华丽的

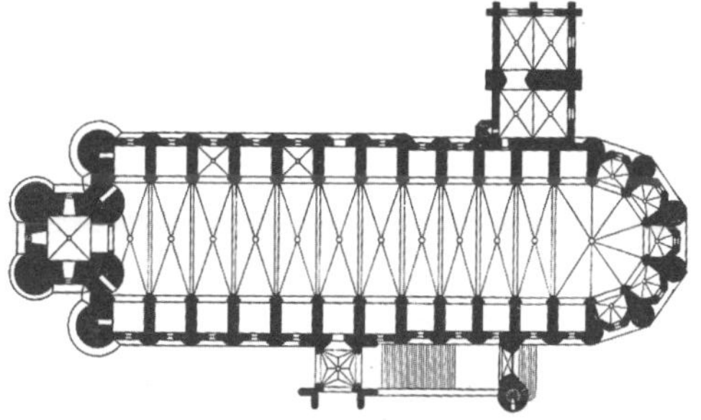
阿尔比大教堂平面图

阿尔比大教堂中厅拱顶

阿尔比大教堂中厅，从东向西看（摄影：B. L. Song）

小礼拜室。中厅高30米、宽18米，是法国最宽的教堂中厅。中厅两侧和拱顶的装饰异常华丽，多是在文艺复兴时期完成的，与外观肃杀的堡垒形象形成鲜明对比。

8-13 图卢兹的雅各宾教堂

雅各宾教堂东侧外观

位于图卢兹的雅各宾教堂（Church of the Jacobins）也是一座砖砌建筑。这座教堂是由中世纪著名的西班牙传教士圣多明我（Saint Dominic，多明我会创办者，1170—1221）在1215年创办的。当时清洁派正在图卢兹一带盛行，为了同这个异端思想做斗争，多明我开办修道院以宣扬正统思想。

这座教堂的平面设计非常特别。多明我将它设计成两个中厅并列的形式，北侧中厅专门为修道士提供，南侧的中厅为普通信徒使用。大概是实际使用效果不是特别理想，所以这种布局形式后来并没有得到推广。

这座教堂建成之初是非常朴素的。1245年，教堂进行第一次扩建，在后方建造了一座高大的歌坛，采用这个时期已经发展成熟的“盛期哥特”做法。由于教堂本身有20米宽，在建造单一拱顶跨度过大难以实现的情况下，为了要跟前面的教堂空间相衔接，工匠们于是创造性地设计了一个由单列柱支撑的肋骨拱结构，直径只有1.4米的柱子平地向上升起22米，然后

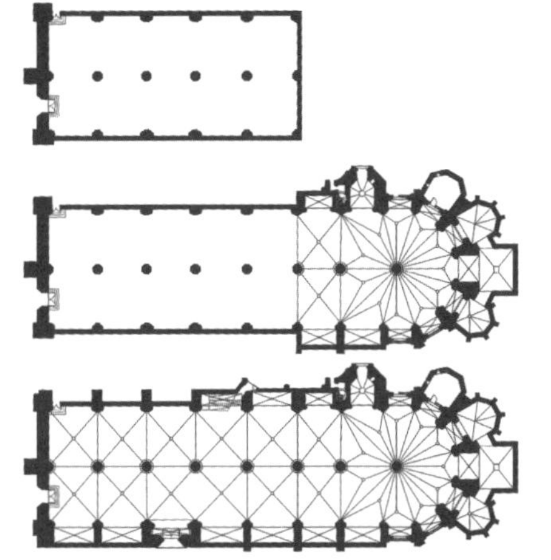

雅各宾教堂平面布局演变

雅各宾教堂拱顶

雅各宾教堂内景，向圣坛方向看

直接从柱头上向四周放射出拱肋，将拱顶支撑到 28 米高。尤其是教堂最东端的柱子，上面的拱肋向 22 个不同方向伸出，如同棕榈树一样，给人留下极为深刻的印象。这种做法以后被德国晚期哥特工匠继承发扬。

1325 年，教堂的中厅按照与歌坛同样的高度和做法也进行了改建。位于教堂北侧的钟楼建于 1298 年。

第九章 辐射式和火焰式法国哥特教堂

“王冠上最璀璨的宝石。”

1117

9-1 圣丹尼教堂中厅

1231年，在絮热修建的歌坛基础上，圣丹尼教堂的中厅和横厅部分开始进行重建。在这个部分的建设过程中，一些与前一时期有所区别的新做法得以表现出来。

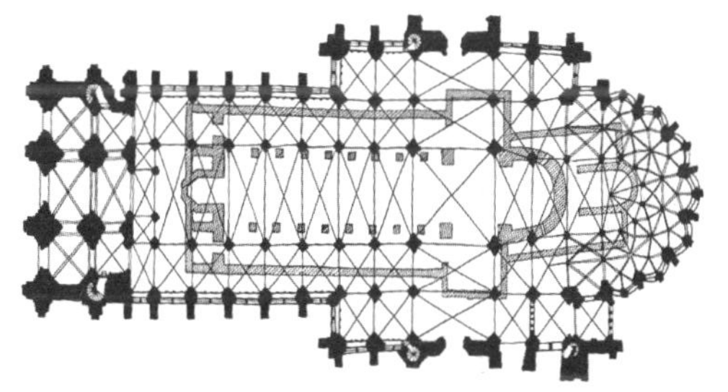

圣丹尼教堂平面图，虚线为旧教堂平面图

首先是原本封闭的楼廊外墙现在开始被打通。这一变化的主要原因是，外部侧廊的屋顶不再是单斜坡倚靠

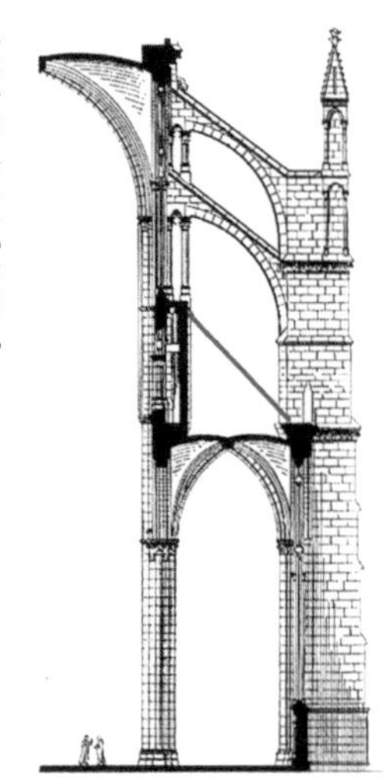

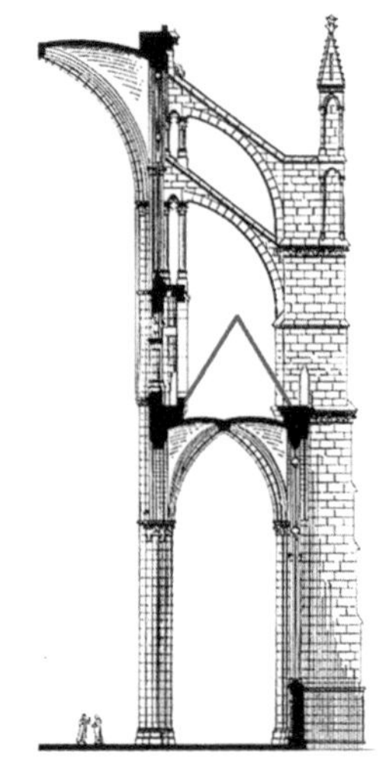

楼廊外部屋顶变化示意图，左图为早期的单斜坡屋顶，右图为改进的双斜坡屋顶

在中厅侧墙上，而是做成双坡顶（当然由此造成的排水问题需要想法解决）。这样一来，楼廊的外侧墙面就可以被打开透光，使教堂内部显得更加空透亮堂。

其次，楼廊以上至拱肋间的墙面被全部打开，毫不保留，在细长的束柱间只留下用精致瘦削的石骨编织的彩色玻璃窗子。

圣丹尼教堂中厅，向圣坛方向看

第三，原本以圆柱为核心的束柱从现在起被更加简洁有力的菱形束柱所替代。

圣丹尼教堂中厅侧高窗，下面为外部开通的楼廊

这些做法就像“哥特诞生之初”一样，并非全是圣丹尼教堂首创，但是有心人将这些变化全部集中在一起之后，使得哥特教堂已经具有的结构洗练的特点达到一个新的高度。这种新的建筑形式有一个特别的名称：辐射式（Rayonnant Gothic），以这个时期玫瑰窗所流行的辐条状造型而得名。可以将其与沙特尔大教堂的玫瑰窗做一个比较，其中的差异一目了然。

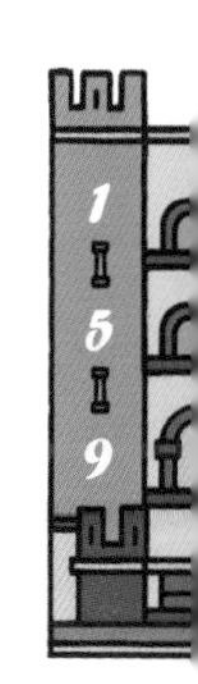

这种风格很快就流传开来。实际上，由于中世纪大教堂的建造时间一般都会持续上百年甚至几百年，往往都要跨越好几个阶段，因此在同一座建筑的不同局部常常会呈现不同的风格。在本书前面介绍的一些建筑就有这样的情况，比如巴黎圣母院北横厅玫瑰窗（119页例图）、兰斯（136页例图）和亚眠大教堂的西玫瑰窗（137页例图）等就都属于辐射式风格。

圣丹尼教堂北横厅玫瑰窗

圣礼拜堂西侧外观

9-2 巴黎的圣礼拜堂

辐射式风格最杰出的代表作品是于1238—1248年建造的、有着“巴黎王冠上最璀璨的宝石”和“天堂之门”美称的巴黎圣礼拜堂（Sainte-Chapelle），其坐落在西岱岛上的王宫㊀院内。

这是一座规模不大的教堂，是法国国王路易九世（Louis IX，1226—1270年在位）为安放他在1238年从拜占庭帝国购得的“耶稣荆冠”（Crown of Thorns）㊁而专门建造的。耶稣被处死前，罗马士兵曾给他套上用荆棘编成的头冠，嘲笑他想做犹太人的国王。这顶沾染了耶稣鲜血的荆冠连同其他一些与耶稣有关的物件被基督徒尊崇为圣物。据说路易九世购买这顶荆冠所花的费用超过圣礼拜堂造价的三

耶稣荆冠（下方玻璃罩内）

㊀ 这座王宫最早建于墨洛温王朝时期，14世纪王室搬迁到塞纳河北岸的卢浮城堡居住后，这里就被改成监狱。

㊁ 19世纪起改存于巴黎圣母院中。

倍。他非常虔诚，先后两次参加十字军东征，于1270年死于征程，被教会封为“圣路易”。

圣礼拜堂平面呈马蹄形，分为上下两层。下层教堂只有7米高，墙面较为封闭。

国王专用的上层教堂是一个没有侧廊的单一大厅，高20米。在纤细的支柱之间是15扇每扇高15米的绚烂夺目、壮丽无比的彩绘玻璃，上面描绘了1134个圣经故事。每个束柱的基脚都附立着一尊使徒的雕像。在

圣礼拜堂内部，由西向东看（摄影：B. Didier）

圣礼拜堂拱顶

圣礼拜堂玫瑰窗（摄影：B. Didier）

大约 2/3 的高度上，束柱如烟花般绽开，交汇在繁星闪烁的“天顶”。哥特建筑的全部精髓都汇聚于此。

9–3 百年战争

法国的强盛势头在 1337 年戛然而止。这一年，法国开始陷入同英国长达 116 年的“百年战争”（Hundred Years' War，1337—1453）。

前面我们说过，在诺曼底公爵威廉一世征服英国之后，威廉一世的后代历任英国国王通过联姻等各种方式所控制的法国国土面积一度甚至超过了法国总面积的一半，虽然在名义上，他们在所控制的法国土地上还是法国国王的封臣。12 世纪以后，王权日益加强的法国国王们开始努力剥夺英国国王在法国的控制权，到 14 世纪初的时候，英国人手中只剩下法国西南很小的一块地区。

1328 年，法国国王查理四世（Charles Ⅳ，1322—1328 年在位）未留下男性后代就去世了。传统上一向不承认女系王位继承权的法国贵族推选查理四世的堂兄弟瓦卢瓦伯爵腓力六世（Philip Ⅵ，1328—1350 年在位）继承王位，建立了新的瓦卢瓦王朝（House of Valois，1328—1589）。当时英国国王爱德华三世（Edward Ⅲ，1327—1377 年在位）的母亲是查理四世的妹妹，他自认为具有比腓力六世更近的王室血缘关系，应该继承法国王位。他的这一要求毫无道理。且不论从第一代法兰克国王起，九百多年来，法国从未有过女系继承人。即便按照英国体制，查理四世本身以及他的哥哥都有女儿在世，怎么也轮不到爱德华三世的母亲。这一无理要求当然遭到法国无视。野心勃勃自视甚高的爱德华三世心中不服，在其他各种因素的共同作用，包括对法国长期支持苏格兰对抗英国的不满，对英国国王在法领地长期被剥夺的积怨，以及法国内部叛乱诸侯的挑唆下，1337 年，对后世影响深远的英法战争终于爆发。

法国卡佩王室徽记（瓦卢瓦家族是卡佩家族的分支）

战争初期，英军接连获得克雷西会战（Battle of Crécy，1346 年。由爱德华三世指挥的英军参战 14000 人，伤亡 100 余人。法军参战 30000 人，仅贵族骑士就阵亡 1000 多人，其他阵亡人员超过 10000 人）和普瓦捷会战（Battle of Poitiers，1356 年。由黑太子爱德华指挥的英军几无损失，法军数千人伤亡，国王被俘）的胜利，南方大片土地被英国控制。

爱德华三世与其长子黑太子爱德华（作于 14 世纪）

1369 年，法国国王查理五世（Charles Ⅴ，1364—1381 年在位）领导法国展开反攻，趁着爱德华三世年事已高以及黑太子重病不治的大好时机，到 1380 年收复了绝大部分被占领土。

由于那个时代军事技术以及封建体制的限制，这场百年战争除了有限的几场大战之外，实际上主要是连年不断的劫掠战。交战双方都是通过不断地劫掠对方的领地来达到削弱对手实力的作用。在这个过程中，法国深受其害，人力、物力及财力几近枯竭。而英国，一方面跨海作战本身就是一件耗费巨资、艰巨无比的事情，加上法国拉拢苏格兰始终不断地对其进行骚扰，英国也是困苦不堪。

1380 年以后，由于英法两国相继进入王位传承世代更替，发起这场战争的主要责任人都不在世了，于是双方进入长时间的休战状态。1399 年，黑太子爱德华的儿子英国国王理查二世（Richard Ⅱ，1377—1399 年在位）被他的叔叔亨利四世（Henry Ⅳ，1399—1413 年在位）篡夺王位。英国内部动荡不止，无暇顾及法国。

15 世纪初，形势突然发生巨变，法国内部发生严重分裂。法国国王查理六世（Charles Ⅵ，1381—1422 年在位）疯病时常发作，他的弟弟奥尔良公爵与堂弟勃艮第公爵争夺王室主导权，在争执中奥尔良公爵被勃艮第公爵杀害，于是两党决裂。而在这个时候，英国却迎来一位年轻有为的君主——亨利五世（Henry V，1413—1422 年在位）。他抓住这个大好时机，带领英军再次踏上冒险征程。1415 年的阿金库尔会战（Battle of Agincourt）[㊀]，法军第三次遭遇惨败（总数 36000 人的法军伤亡 12000—18000 人，而总数 5900 人的英军仅伤亡 150—250 人）。

在此国难当头的时刻，法国党争两派非但没有携手抗敌，反而将内斗加剧到几乎不可挽回的程度。奥尔良一党为报奥尔良公爵被杀之仇，趁着

㊀ 根据普遍接受的说法，著名的“V 字手势”就诞生于这场大战之后。在战斗开始之前，曾经在前几场战役中饱受英格兰长弓兵利箭之苦的法兰西骑士们发誓赢得胜利后一定要将长弓兵用以拉动弓弦的手指头砍掉。英军胜利之后，平民出身的长弓兵们高举手指以示对法军骑士的蔑视。这个手势在第二次世界大战的时候又一次成为盟军鼓舞胜利的象征。

王太子与对方和谈之际杀害了勃艮第公爵。而在此期间，查理六世的王后伊莎贝拉（Isabeau of Bavaria1，1370—1435）也不断遭受奥尔良党的羞辱。盛怒之下，王后与勃艮第党结成同盟，跟加入奥尔良党的王太子决裂，宁肯把法国拱手让给英国，也绝不交给如同仇人一般的亲生儿子继承。已经病得失去心智的法国国王查理六世在王后和勃艮第党徒的操纵下，与英国国王亨利五世达成协议，废黜王太子的继承权，将女儿嫁给英国国王，宣布这位不论从哪个角度来说都没有继承资格的英国国王亨利五世成为法国王位继承人并作为法国摄政王执掌政权，待法国国王查理六世去世后，两国将永久合并。

亨利五世与法国公主结婚（作于15世纪）

然而亨利五世却没能够享受到这一多少年来英国王室梦寐以求而终于得逞的成果。1422年，他因病先于法国国王去世。两个月后，法国国王查理六世也去世。亨利五世的儿子也是查理六世的外孙亨利六世在巴黎同时戴上了英格兰和法兰西的两顶王冠。

亨利六世加冕为英格兰和法兰西国王（作于15世纪）

表面上看起来，英国赢得了这场法国王位争夺战的胜利，而实际上，如果这个结果能够维持下去的话，真正亡国的将会是英国。因为双方争夺的目标是法国王位，而不是法国领土，英国国王要变成的是法国国王。在这种情况下，英国势必成为人口更多、贵族力量更强大的法国的海外省，就像很多年以后苏格兰国王成为英格兰国王之后所发生的事情一样。这也是许多英国贵族不愿意全力参加对法作战的主要顾虑所在。

1429年作于书本边缘的涂鸦，是唯一保存下来的同时代贞德形象

1429年，英军围攻仍在法国被废王太子掌控中的最后一座重要城市奥尔良（Orléans）。就在抵抗力量心灰意冷即将崩溃之际，法国东部边疆小镇杜列米（Domrémy-la-Pucelle）一位17岁的酒馆女招待贞德（Joan of Arc，1412—1431）在久闻客人们谈论国家大事之后，澎湃的爱国激情在心中化为强烈幻觉，认定上天要她挺身而出去拯救法国。她只身来到王太子栖身之地希农（Chinon）并获得王太子的信任。在那个迷信盛行的时代大背景下，贞德凭借着不可思议的信念和勇气，率领法军解救了奥尔良。随后她一路胜利进军，将王太子带到兰斯。在兰斯大教堂，贞德将王太子送上真正的法国王座，成为查理七世（Charles Ⅶ，1422—1461年在位）。

1430年，贞德作战失利被俘，于次年在鲁昂被英军以女巫的罪名烧死。但是法国人的复国信念已经被她鼓舞起来，勃艮第党人也终于放下心中仇恨，与王室和解。1437年，法军光复巴黎。1453年，法军收复了除加莱（于1558年被法军收复）之外的全部土地，终于赢得这场漫长战争的最终胜利。

9-4 黑死病

有道是“祸不单行”。就在法国陷入百年战争不能自拔之时，1347 年，一场突如其来的黑死病（Black Death）又席卷了包括法国在内的整个欧洲。这场几乎“灭绝人类”的黑死病最早可能发生于黑海一带，由一艘从那里返航的意大利商船带入欧洲，在六年的时间里，总共造成大约 2500 万人死亡，而当时欧洲总人口约为 7000 万人。在这样的双重打击之下，法国的力量陷入低谷，哥特建筑的高潮一去不返。

死神的胜利（老彼得·勃鲁盖尔作于 1561 年）

9-5 火焰式风格

法国哥特建筑发展的最后一个阶段叫作火焰式风格（Flamboyant Gothic），不过这种风格不再是法国的创造，而是受到在英国发展起来的装饰风格的反哺。这种风格以外立面上令人眼花缭乱的火焰般网状窗花装饰为典型特征，从 14 世纪中叶百年战争间歇期就开始流行，到 15 世纪下半叶达到极盛。由于一座哥特教堂的建造往往要持续很长时间，所以许多教堂上面都存在有火焰式风格的装饰，比如我们前面介绍过的沙特尔大教堂的西立面北侧塔楼就是典型的火焰式风格。

鲁昂大教堂西侧外观（摄影：Daniel）

9-6

鲁昂大教堂

诺曼底首府鲁昂是贞德的受难地，由克劳德·莫奈（Claude Monet，1840—1926）的画作而闻名天下的鲁昂大教堂（Rouen Cathedral），它的西立面就是火焰式的典范。它的中央尖塔重建于 19 世纪，高度达到 151 米，在 1876~1880 年间曾短暂成为世界第一建筑高度。

鲁昂大教堂西立面局部

第十章 法国中世纪的世俗建筑

“如果说贞德是法兰西的灵魂，那么雅克·科尔便是法兰西的肉体。”

1 1 6 1 9

10-1 城堡

城堡（Castle）是最富中世纪特色的世俗建筑类型。面对中世纪动荡不宁的生活，建造坚固的城堡就成为贵族们保护自己的必备之物。中世纪最早的城堡大概是在公元 9 世纪查理帝国分裂的时候出现的，用以应对蛮族入侵的恶劣情势。开始时只不过是建造在一个小山顶或者人造土堆上的木头房子，以后才逐渐改进成为石砌的堡垒，并且在周围建造城墙环

《贝叶挂毯》场景：诺曼底军队正在攻打布列塔尼的迪南城堡

绕，以保护城主的属民。

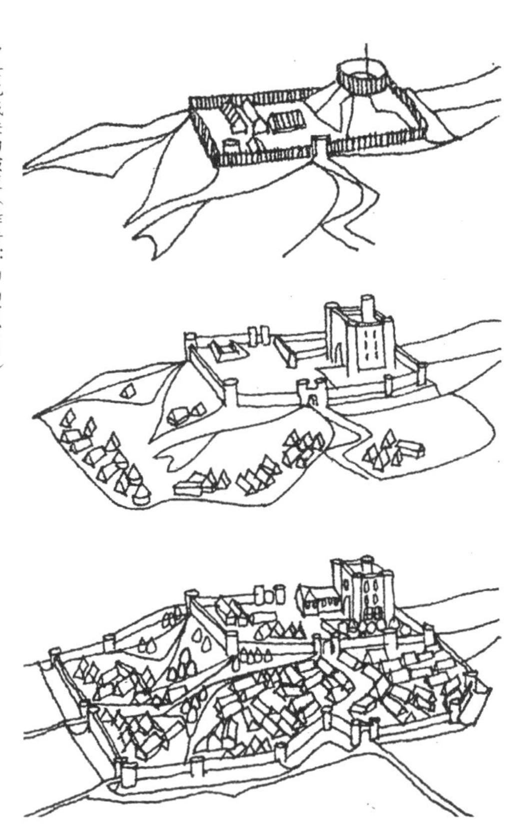

中世纪城堡的演变（作者：B. Riseboro）

在城堡出现之前，西欧各蛮族普遍实行的是财产分割继承制，所有的孩子都可以分到家产，兄弟们的地位都一样。这种方式的弊端我们前面已经见到了，再殷实的家产——哪怕是身为帝国皇帝，也是禁不起几次分割的。但是随着城堡的出现，形势发生了变化。由于城堡实体的不可分割性，只能是由一个人来继承作为城主，于是长子继承制就在这种情况下得以确立。从那时起，城堡，这个家族最大的财产，也是家族财产最有力的保障，只属于长子。整个家族的荣誉都跟这座城堡捆绑在一起，甚至城堡的名称也从此成为家族的姓氏。另一方面，长子之外的其他儿子由于没有城堡可以继承，只能够自己外出去打拼，去参加十字军，去为自己建功立业，去找机会建造属于自己的城堡。这样就大大提升了整个社会发展的活力，成为推动中世纪欧洲扩张强有力的发动机。

10-2

万塞讷城堡

位于巴黎东郊的万塞讷城堡（Château de Vincennes）始建于12世纪，于14世纪改成目前的模样。其主堡高52米，是中世纪建造的最高的城堡之一。这座城堡为法国王室所有，有两位法国国王在这里结婚，四位法国国王在这里去世。还有一位英国国王亨利五世，他在1422年法国王位唾手可得的时候，因患伤寒而在这座城堡去世。

万塞讷城堡

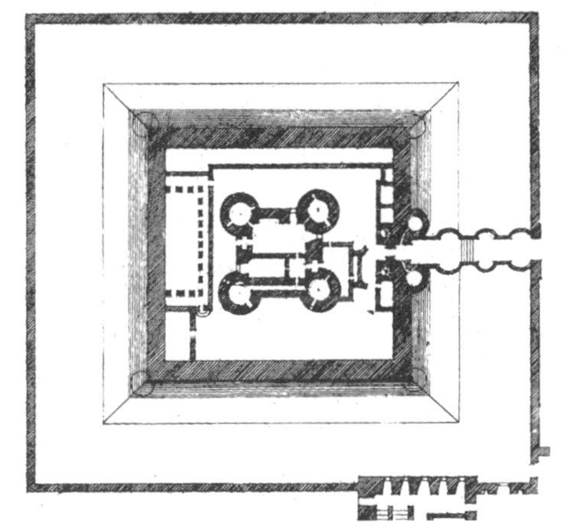

万塞讷城堡平面图

10-3

皮埃尔丰城堡

建于14世纪的皮埃尔丰城堡（Château de Pierrefonds）是法国保存最完好的中世纪城堡之一，大大小小、高耸林立的尖塔是哥特军事建筑的标志。

皮埃尔丰城堡

10-4 圣米迦勒山

圣米迦勒山

孤悬于法国诺曼底海岸之外的圣米迦勒山（Mont-Saint-Michel）是一处与地形完美结合的城堡式修道院，高耸于峰巅的修道院教堂重建于1022年。

10-5 卡尔卡松城堡

卡尔卡松城堡鸟瞰

法国南部的卡尔卡松城堡（Carcassonne）是欧洲现存最大的一座中世纪城堡。主堡之外设有两道城墙，城墙上每隔几十米就有一座敌楼。城内还设有宫殿、街市和教堂等建筑。

卡尔卡松城堡远眺

10-6 艾格莫尔特城

位于法国南部海岸的艾格莫尔特城（Aigues-Mortes）是路易九世下令修建的。路易九世是一个非常虔诚的基督教徒，他心心念念要为基督徒收复耶路撒冷。由于前往圣地的主要港口都在神圣罗马帝国和意大利人掌控之中，处处受制于人，于是他花钱从附近的修道院购买了这块土地用以修建港口。1270年，路易九世带领第八次十字军东征的队伍从这里扬帆出海。一个月之后，他在北非突尼斯病逝。在他去世后，他的继承者腓力三世（Philip Ⅲ，1270—1285年在位）最终将城市建成。以后这座城市未经大的破坏和变化一直延续下来，成为保存最为完好的中世纪城镇。

艾格莫尔特城鸟瞰

艾格莫尔特城西侧城墙

艾格莫尔特城东大门

10-7 阿维尼翁教皇宫

1309 年，法国出身的教皇克雷芒五世（Pope Clement Ⅴ，1305—1314 年在位）将教廷从罗马迁往法国南部的阿维尼翁（当时属于神圣罗马帝国）。在其后的四分之三个世纪里，在法国人占多数的红衣主教团选举中，一连 7 位教皇都是法国出身。这段时间后来被称为“教皇的巴比伦之囚”（Babylonian Captivity of the Papacy）。

第三位阿维尼翁教皇本尼狄克十二世（Pope Benedict Ⅻ，1334—1342 年在位）当选后开始建造宏伟的阿维尼翁教皇宫（Palais des Papes）。他的后任克雷芒六世（Pope Clement Ⅵ，1342—1352 年在位）又予以扩建，最终于 1364 年全部建成，是保存至今最完好也是最壮观的中世纪大型宫殿城堡建筑群。

阿维尼翁教皇宫，左侧院子为本尼狄克十二世所建，称为旧宫；右侧院子为克雷芒六世所建，称为新宫

10-8

布尔日的雅克·科尔宅邸

雅克·科尔（Jacques Cœur, 1395—1456）是查理七世时代有名的新兴资产阶级代表人物。他出生在布尔日。在雅克·科尔的青年时代，被废王太子查理正驻扎在这座城市，勉力对抗占领巴黎并且剥夺他继承权的英国人和勃艮第人——当时查理被英国人蔑称为“布尔日王”（King of Bourges）。皮货商出身的雅克·科尔抓住这个机会做起了王室生意，迅速发家致富，成为当时西欧屈指可数的大资本家。他极力赞助查理的复国事业，其作用甚至可以与贞德相提并论。但是到了晚年，他却遭到王室迫害，客死他乡。

在事业的全盛时期，雅克·科尔在法国各地都建有豪宅，其中位于家乡布尔日的宅邸至今还很好地保存着，是我们了解中世纪法国城镇住宅的最直观证物。

雅克·科尔像（J. Fouquet 作于 15 世纪）

雅克·科尔宅邸鸟瞰图（Viollet-le-Duc 作于 1856 年）

雅克·科尔宅邸内院

第十一章 伊比利亚半岛的哥特建筑

『就让别人来笑话我们是疯子吧！』

11-1

收复失地运动

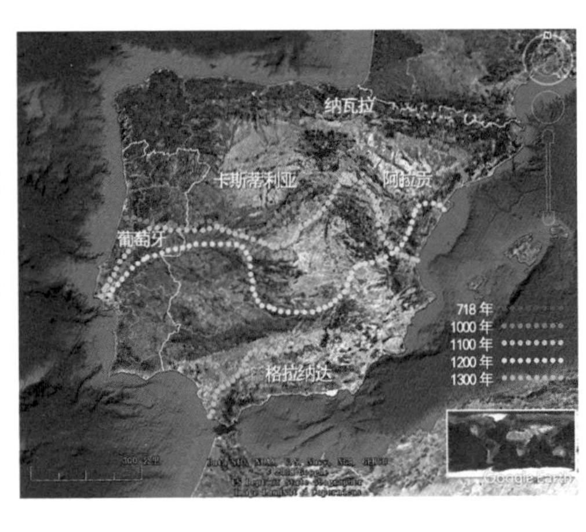

伊比利亚半岛穆斯林力量退潮

11 世纪初，控制伊比利亚半岛大部分土地的穆斯林后倭马亚王朝走向衰落，北方的基督徒们抓住机会，开启了“收复失地”运动（Reconquista）。经过几百年此消彼长的不断争斗，到 13 世纪中叶，穆斯林势力已经被压缩在半岛南端的一小块地方。而在北方则形成了卡斯蒂利亚、阿拉贡、葡萄牙和纳瓦尔互争雄长的局面。

11-2 莱昂大教堂

公元10世纪初，在伊比利亚半岛第一个举起反抗大旗的阿斯图里亚斯王国将首都迁到莱昂（León），并从此改称莱昂王国（Kingdom of León）。

莱昂城是由驻扎此地的罗马军团建造的军营发展起来的，城中原本建有各种公共设施。公元917年，莱昂国王奥多尼奥二世（Ordoño Ⅱ，914—924年在位）在一场战役中击败阿拉伯军队。

莱昂大教堂西侧外观（摄影：D. J. Llanes）

莱昂大教堂横厅与歌坛内景

莱昂大教堂歌坛拱顶。该教堂的彩色玻璃窗大部分完好保存下来

他将之归功于上帝的庇佑，于是就在莱昂原本计划要建造宫殿的一处罗马时代大浴场的遗址上修建大教堂。

在经过罗马风时代改建之后，1205 年，莱昂大教堂再一次进行重建。工匠们以法国兰斯大教堂为样板，到 15 世纪最终将其建成。

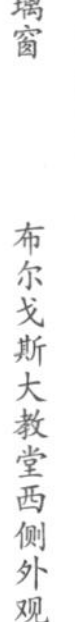

布尔戈斯大教堂西侧外观

11-3 布尔戈斯大教堂

卡斯蒂利亚（Castilla）本是莱昂王国东部的一个伯爵封地，在乱世中逐渐崛起、独立，并于 1230 年兼并了莱昂王国。㊀

卡斯蒂利亚王国首都设在布尔戈斯（Burgos）。1221 年，哥特风格的布尔戈斯大教堂开始建设。这座教堂也是仿效法国风格，但是在建造过程中融入了欧洲

㊀ 其后双方仍然各自拥有政权，形成所谓“复合君主制”（Composite Monarchy），或被称为卡斯蒂利亚联合王国（Crown of Castile）。再往后，卡斯蒂利亚联合王国又与另一个复合君主政体阿拉贡联合王国合并，形成更高层级的西班牙共主邦联。

各地不同的设计元素。比如尖塔上的松针状装饰就是仿效德国科隆大教堂的尖塔，尽管科隆大教堂尖塔当时尚未建造，但布尔戈斯的工匠们看过其图纸。拱顶的装饰性肋骨则是受英国的影响（参见本书第十三章）。而阿拉伯建筑的影响在十字交叉部塔楼的拱顶造型上表现得十分明显。此外，还有一些几百年后流行的巴洛克元素也可以在教堂中看到。

布尔戈斯大教堂拱顶

11-4 巴塞罗那大教堂

公元9世纪，位于法国与穆斯林西班牙边境地区的纳瓦拉王国（Navarre）、阿拉贡王国（Aragon）相继在两国相争的夹缝中建立。12世纪初阿拉贡王国开始向南扩张，于12世纪中叶与东面的巴塞罗那伯爵（Count of Barcelona）通过婚姻合并，建立阿拉贡联合王国（Crown of Aragon），成为伊比利亚半岛上足以与卡斯蒂利亚联合王国抗衡的基督教势力。

1720年的巴塞罗那，中央高耸建筑为大教堂

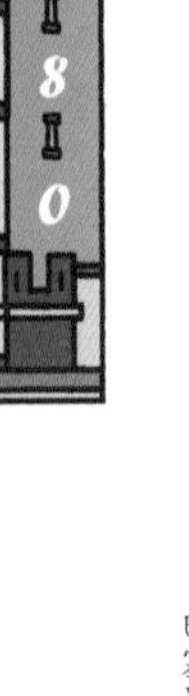

巴塞罗那伯爵是由查理大帝设立的边境统领，在加洛林王朝衰落后，他们实际上成为独立的政治力量。1258年，阿拉贡王国与法国达成协议，后者放弃对巴塞罗那的宗主权。

根据传说，巴塞罗那的建立可以追溯到著名迦太基统帅汉尼拔（Hannibal，前247—前183）的父亲哈米尔卡·巴卡（Hamilcar Barca，前275—前228）。他在第一次迦太基—罗马战争失败后领兵经略西班牙，为后来汉尼拔入侵意大利打造了坚实的基础。传说就是他下令建造了最初的巴塞罗那港，这座城市也以他的名字命名。

巴塞罗那大教堂内部，向圣坛方向看

巴塞罗那城中最重要的中世纪遗物就是13世纪末按照哥特风格重建的大教堂。它主要是受到以布尔日大教堂为代表的大厅式空间设计的影响，但在这里侧廊被提升到最大高度，只给中厅留下一个玫瑰窗的位置。

11-5
帕尔马大教堂

在与巴塞罗那伯爵领地合并之后，阿拉贡王国将视野从陆地转向大海。1229 年，阿拉贡王国赶走阿拉伯人占领了地中海上的巴利阿里群岛（Balearic Islands）。1282 年，阿拉贡军队又趁乱攻占西西里岛。就这样，只用了不到一百年时间，阿拉贡就从一个内陆山地小国变身成为地中海西部的海洋王国。

马略卡岛（Mallorca）是巴利阿里群岛的主岛，帕尔马(Palma)是其中心城市。阿拉贡人占领这里后，就开始着手建造大教堂。他们拆毁了当地的伊斯兰清真寺，然后在其基址上进行修建。教堂也采用巴塞罗那大教堂一样的大厅式结构，建成后的中厅高 44 米，是当时西班牙最高的哥特教堂。

帕尔马大教堂西侧远眺

帕尔马大教堂中厅，向圣坛方向看

11-6

塞维利亚大教堂

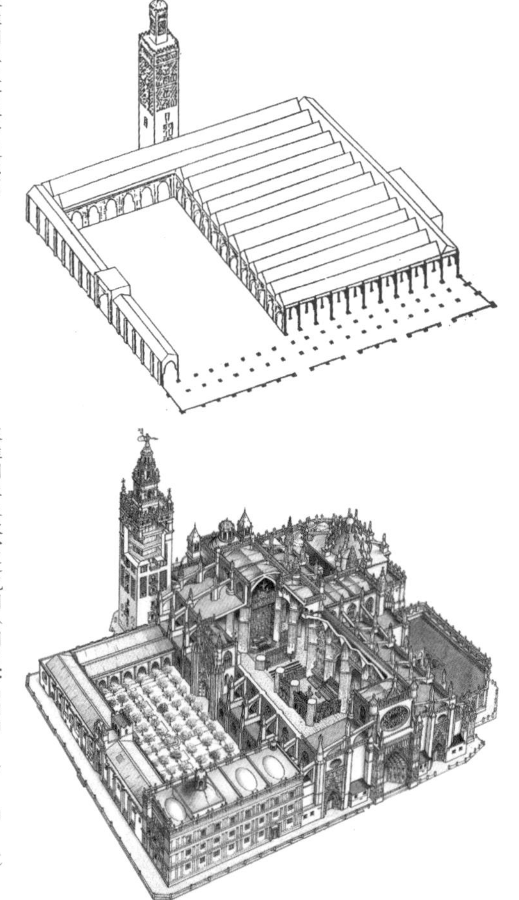

原塞维利亚大清真寺复原图

塞维利亚大教堂透视图（图片：DK Eyewitness Travel）

1248 年，经过整整两年围攻，伊比利亚半岛南部最重要的城市塞维利亚（Seville）向卡斯蒂利亚人投降。穆斯林大势已去，只剩下南部沿海地区格拉纳达（Granada）周围的一小块地方苟延残喘。

基督徒占领塞维利亚之后，原建于 12 世纪的大清真寺被改造为教堂继续使用了一百多年时间。1401 年，城市当局决定拆除清真寺（仅有宣礼塔保留下来作为教堂钟塔使用）而建造一座全新的大教堂以彰显城市的财富和力量。市政当局在告

塞维利亚大教堂远眺

示里宣称："我们要建造一座世界上最美丽最宏伟的建筑！就让别人来笑话我们是疯子吧！"

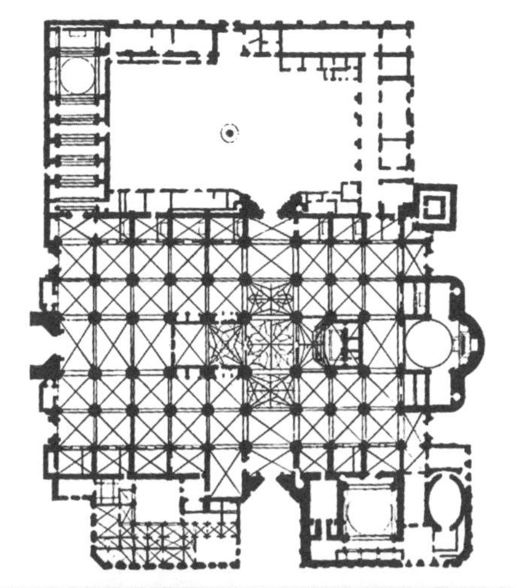
塞维利亚大教堂平面图

1519 年教堂主体部分建造完毕，长 126 米、宽 76 米，其中厅宽 15 米、高 42 米。就占地面积而言，这座建筑堪称是中世纪欧洲之最。尤其是它那采用大厅式结构的五廊身设计，内部显得格外宽敞，无怪乎塞维利亚人总爱夸口说："巴黎圣母院可以在本教堂内昂首阔步！"

塞维利亚大教堂内部，从侧廊看向中厅

在这座大教堂建造的时代，塞维利亚乃至整个西班牙都正处在历史发展的巅峰。1492 年克里斯托弗·哥伦布（Christopher Columbus，1451—1506）发现美洲大陆之后，塞维利亚作为唯一被允许可以与美洲进行贸易往来的港口城市而盛极一时。1519 年，斐迪南·麦哲伦（Ferdinand Magellan，1480—1521）正是从这里出发，开启人类环球航行的征程。而在另一方

塞维利亚大教堂内的哥伦布墓

面，日后“臭名昭著”的西班牙宗教裁判所（Spanish Inquisition）也是在这座城市首先诞生的。

11-7 阿尔科巴萨修道院教堂

阿尔科巴萨修道院教堂中厅，向圣坛方向看

1139 年，位于伊比利亚半岛大西洋一侧的原莱昂王国所属伯爵领地宣布独立，建立葡萄牙王国（Kingdom of Portugal），随后也加入了基督教收复失地运动。

葡萄牙第一座哥特建筑阿尔科巴萨修道院教堂（Alcobaça Monastery）建于独立后的 1153 年。这座建筑中最有名的中世纪遗物是两座石棺。1335 年，时任国王阿方索四世（Afonso Ⅳ，1325—1357 年在位）企图阻止儿子佩德罗与情人伊尼斯（Inês de Castro）结婚，于 1355 年派人杀死了伊尼斯。佩德罗怒而发动叛乱。1357 年阿方索四世去世，佩德罗成为国王——佩德罗一世（Peter I，1357—

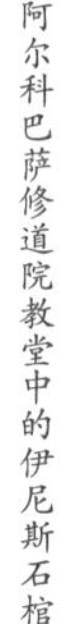
阿尔科巴萨修道院教堂中的伊尼斯石棺

1367年在位）。他逮捕凶手后亲手将其杀死，然后将已死的伊尼斯加冕为王后。他还为其在教堂中修建石棺，以暗杀者的形象作为石棺基脚，石棺上方伊尼斯的身旁环绕着天使。他为自己也建造了一座石棺，与伊尼斯的石棺在教堂横厅两端双脚相对而放，一起等待末日审判的来临。到那时，两人死而复生坐起身后便可以第一眼相见。

阿尔科巴萨修道院教堂中的佩德罗石棺，远处为伊尼斯石棺

11-8 巴塔利亚修道院

1383年，葡萄牙遭遇继承危机，邻国卡斯蒂利亚国王以前王女婿的身份要继承葡萄牙王位并吞葡萄牙。葡萄牙奋起反抗，于1385年击败西班牙而维护了独立地位。战后，葡萄牙开始兴建巴塔利亚修道院（Batalha Monastery）以表达对圣母的感谢。

巴塔利亚修道院西侧外观，右边为创始者礼拜堂（摄影：Waugsberg）

巴塔利亚修道院中厅，向西端入口方向看

这座修道院属于大厅式

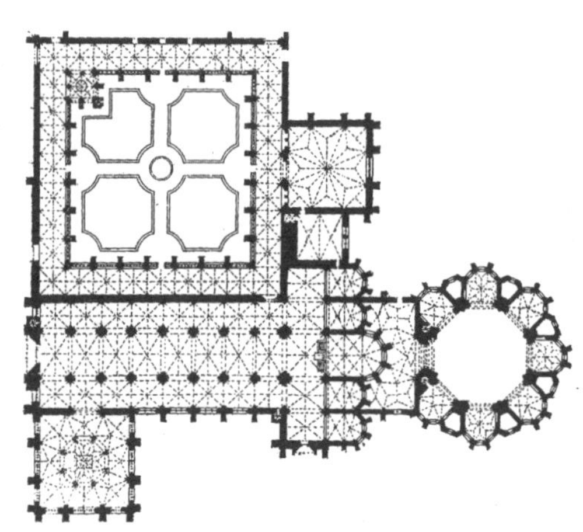
巴塔利亚修道院平面图

巴塔利亚修道院鸟瞰

巴塔利亚修道院未完成礼拜堂

类型，其中厅设计很有“意思”。修道院本身只有22米净宽，却要分成三个廊身，中厅的宽度还不到9米，与一般大修道院动辄十几米的中厅宽度相比已经显得很窄，但是建造者却把中厅的高度修建到32.4米，差不多与巴黎圣母院中厅一样高，而后者的中厅宽度（13米）几乎是前者的1.5倍。这样一来，这座修道院的中厅高宽比几乎是同类型修道院中最瘦长的。

这座修道院的横厅两侧各设有两座圣坛，与中央圣坛并列形成五圣堂格局。

这座修道院建设的时候，法国哥特风格已经发展到晚期火焰式高度注重装饰细节的阶段。在葡萄牙，这种风格被以15世纪葡萄牙国王曼努埃尔一世（Manuel I，1495—1521年在位）的名字命名为“曼努埃尔式”（Manueline）。在他的统治下，瓦斯科·达·伽马（Vasco da Gama，1460—1524）于1498年绕过非洲好望角成为第一位航行到达亚洲的欧洲人；另一位航海家佩德罗·阿尔瓦雷斯·卡布拉尔（Pedro Álvare Cabral，1467—1520）于1500年意外发现有着丰富金矿的巴西，使葡萄牙一夜之间迈入欧洲最富庶国家的行列。

巴塔利亚修道院回廊局部

15世纪建造的位于修道院东端八角形的礼拜堂和北侧的修道院回廊是这种“曼努埃尔”风格最精彩的代表作，可惜礼拜堂始终没有能够建造完成。

巴塔利亚修道院回廊

第十二章 英国早期哥特教堂

『建筑是石头的史书。』

1118—1188

12-1 坎特伯雷大教堂

8 世纪手抄本中的奥古斯丁像

奥古斯丁渡海来到不列颠岛劝服盎格鲁—撒克逊人皈依基督教之后，就在英格兰东部的坎特伯雷（Canterbury）建造起第一座教堂。坎特伯雷大主教也由此成为英格兰地区的教会领袖。公元 9 世纪时，教堂进行过一次重建。诺曼人征服英国后，1070 年将其改建成罗马风格，其平面最初与诺曼底卡昂的圣三一教堂

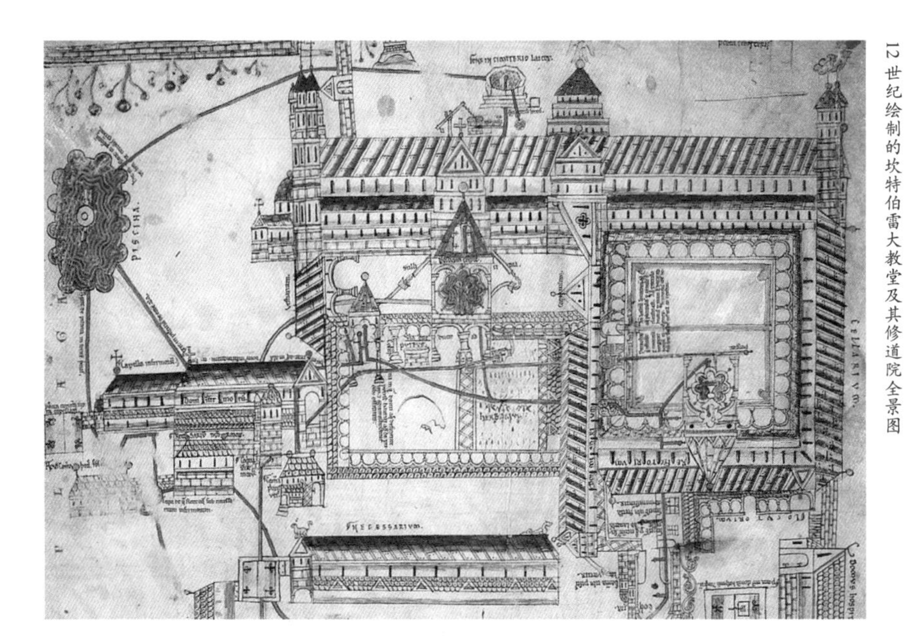

12世纪绘制的坎特伯雷大教堂及其修道院全景图

十分相似，但不久之后教堂东端就进行了改建，歌坛部分被大大拉长，并且在中间还增加一条横厅。

坎特伯雷大教堂彩色玻璃画中的贝克特像

1170年，坎特伯雷大主教托马斯·贝克特（Thomas Becket，1119—1170）因为反对王权对教会内部司法权的干涉而与英国国王亨利二世产生争端，最终被国王的手下在教堂内刺杀。这一事件震惊了基督教世界，英国人将贝克特视为殉教的圣徒而顶礼膜拜，使这座大教堂成为当时西欧最

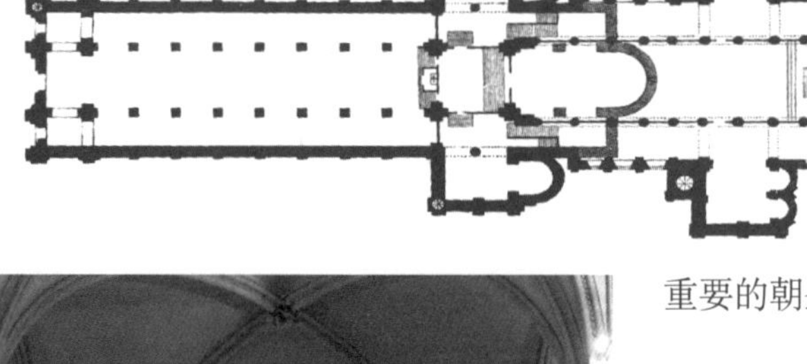
大教堂平面图（1070—1096年）

坎特伯雷大教堂歌坛内景，远端为圣三一礼拜堂

重要的朝圣地之一。㊀

1174年大教堂遭遇一场火灾，之后就进行了大规模的重建。歌坛的拱顶被加高，并从法国引入了新近成为时尚的哥特尖拱。在歌坛的东部贝克特的墓室上增加了一座用来纪念贝克特的圣三一礼拜堂。14世纪末，教堂中厅进行重建，其造型特征已经是英国独有的垂直风格。

教堂的西端原本也是法国式的双塔三门格局。两座

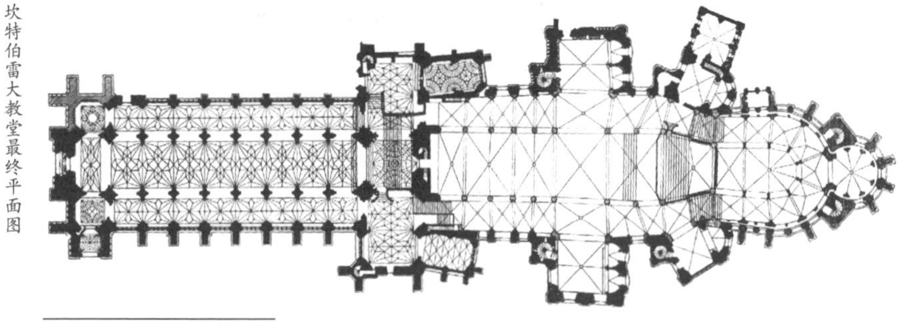
坎特伯雷大教堂最终平面图

㊀ 诗人乔叟（G. Chaucer，1340—1400）就是借在这一朝圣途中的30位男女教徒之口写下著名的《坎特伯雷故事集》。

塔后来在 15 世纪和 19 世纪分别进行重建。这之后，除了正中的大门外，两边的门都改变了朝向。位于十字交叉部的主塔建于 15 世纪，高 72 米。

坎特伯雷大教堂西北方向鸟瞰

坎特伯雷的建城历史可以追溯到罗马帝国时代。罗马人撤走后，这座城市就被废弃，直到奥古斯丁将其选为教堂所在地，这才重新兴旺起来。14 世纪百年战争期间，出于对法国入侵的戒备，原罗马时代修建的城墙被重新加固。19 世纪英国工业革命之后的城市快速发展年代，大部分城墙城门都被拆除了，只有一座西门被勉强保留下来。在进入汽车时代的今天，这座 700 多岁高龄的城门仍然还在发挥其原本的交通作用。这大概是文物建筑最好的归宿吧。

坎特伯雷西城门

12-2 索尔兹伯里大教堂

位于英格兰西部的索尔兹伯里（Salisbury）其历史可以追溯到罗马人到来之前不列颠人所建造的土城堡，外观呈椭圆形，长约 400 米，宽约 360 米，由两道土墙以及土墙间的一道壕沟环绕，只在东面开有入口。类似这种形状的土堡在英格兰还有很多。罗马人入侵之后，这个地方没有引起他们的注意，就这样悄无声息过了 1000 年，一直到诺曼人到来。诺曼人在英格兰各地都修建起了城堡，用以巩固他们的占领和统治，其中一座就修建在这座土堡的正中间，而后在其西北侧修建了一座大教堂。由于这个土堡本身是位于一座小山顶上，风大且干燥，再加上教会与世俗当局的关系不融洽，所以 1220 年时就在附近平原另择基地修建新教堂，旧教堂则被完全拆除。

这座新的索尔兹伯里大教堂，其主体建筑除尖塔（于 1320 年建成）外，全部都在 38 年之内完成，并且很好地保存至今，是中世纪罕有的具有协

索尔兹伯里老城，右上方为教堂遗迹

调统一风格的大教堂，也是最能代表英国早期哥特风格（Early English Gothic）的建筑。

从外观上看，索尔兹伯里大教堂西立面双塔向外伸出于主体建筑两侧，并且体量较小，与中央立面一起形成一个接近正方形的宽阔造型，与一般法国式强调垂直的三段式构图方式有很大区别，以后成为英国哥特教堂立面的特别风格。与这两座小塔相比，位于十字交叉部的123米主塔显得特别高大，居于整个外观构图的统帅地位。

索尔兹伯里大教堂西侧外观（摄影：M. Brunetti）

从平面上看，这座教堂纵轴线全长135米，东部具有双重横厅。圣坛的东端是平直的，而非法国式的弧线造型。这两点以后都成为英国哥特教堂平面布局的基本特征。

索尔兹伯里大教堂平面图

与法国人崇尚高度不同，英国哥特教堂一般不讲究高度。索尔兹伯里大教堂的中厅只有26米高，相比

索尔兹伯里大教堂中厅，向圣坛方向看

之下显得较为宽阔、舒展。它的顶部采用四分肋骨拱结构，但支撑肋骨的束柱并未通达地面，而是停留在二层楼廊起拱线上，没有再向下延伸。这样一来，从地面上看去，由一层束柱所产生的垂直方向的动势就半途而止。此外，它的高侧窗采用了特别的双重券廊构造，空间层次感较为丰富。

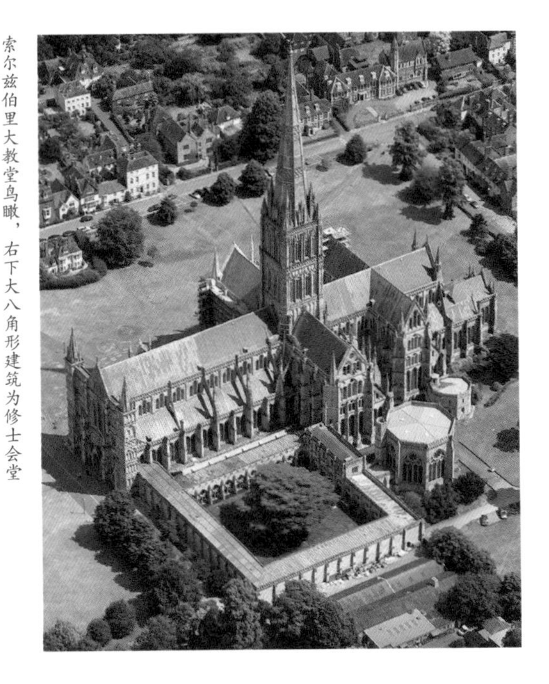

索尔兹伯里大教堂鸟瞰，右下大八角形建筑为修士会堂

在教堂中厅南面是附属修道院回廊，其东侧有一座八角形修士会堂，里面收藏着1215年英国国王约翰签署的《大宪章》（Magna Carta）的四份原件之一。约翰王是狮心王理查的弟弟，他在位时正值法国国王腓力·奥古斯都开始加强王室权威之时。随着英国国王在法领地逐一被剥夺，甚至连诺曼底和安茹（Anjou，约翰王祖父的家族封地）这两块英国国王起家之地也先后丢失，约翰王威信尽丧。于是贵族们联合起来与国王对抗。1215年，在贵族军队的威胁下，约翰王被迫签署了这份历史上最有名的文

件。《大宪章》在人类历史上第一次以法律的形式对专制国王的权力做出约束，其中主要内容包括：非经由贵族组成的议会同意，国王不得征收大宗税款；任何自由民非经其同辈或国家的合法审判，国王不得加以逮捕、没收财产或施以任何形式的迫害。

《大宪章》

12-3 林肯大教堂

《大宪章》的四份原件中，除了一份收藏在索尔兹伯里大教堂之外，如今有两份收藏在伦敦的大英图书馆（British Library），还有一份则是由林肯大教堂（Lincoln Cathedral）收藏。

林肯大教堂远眺

1192 年开始重建的林肯大教堂外观气势非凡，代表了英国式哥特教堂立面最杰出的典范。在教堂的西端，一座足有五个开间宽度的门楼横向展开在法国式的双塔

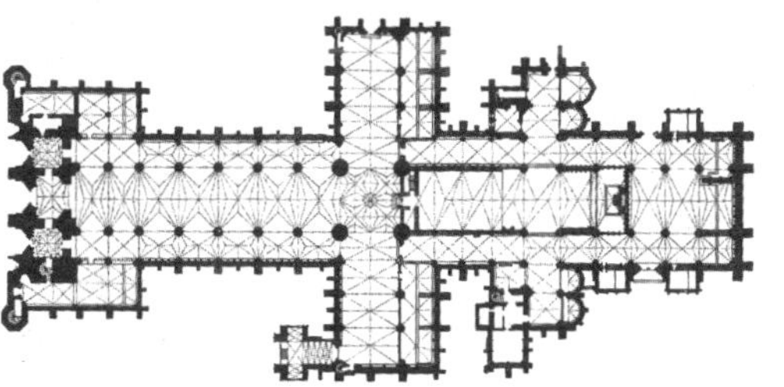

林肯大教堂平面图

林肯大教堂西侧外观

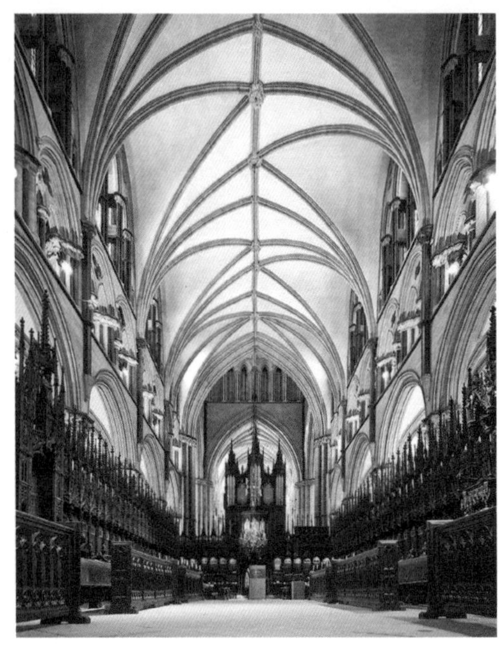
林肯大教堂圣休歌坛，向中厅方向看

前方，英国风十足。与法国式立面偏重门窗洞口处理不同，英国式立面更偏重于面的塑造，整齐高大的连续假券形成装饰性极强的构图特征。

大教堂十字交叉部83米高的塔楼上面曾经竖立有一座木质尖塔，塔尖高度曾经达到160米。这是第一个超过埃及胡夫金字塔高度的人工建筑，从1311年竖立起来直到1549年倒塌，保持了200多年的世界纪录。

大教堂的平面设计也是典型的双横厅和直线式后殿的英国风格。由于各部分重建的时间不同，所以在拱顶造型上有明显的区别。

最早重建的是横厅，拱顶是标准的哥特四分肋骨尖拱。然后是位于双横厅之间的圣休歌坛（St. Hugh's Choir，以主持教堂重建工作的林肯主教的名字命名），其拱顶呈现有趣的错位形式，有“疯狂的拱顶”之称。当时的一位诗人将它比作

“一只展翅欲飞的大鸟——立于坚固的基柱上，直插云霄。”[28]

林肯大教堂中厅，向圣坛方向看（摄影：D. Iliff）

稍后建成的25米高的中厅拱顶则表现出另一种新颖的形式。与结构关系严谨的法国式的标准四分肋骨拱相比，这个拱顶所多出来的脊肋（Ridge Rib）、副肋（Tierceron）以及肋骨交叉处的雕花球（Boss）等都是装饰用的，没有任何结构上的作用。这样一种新奇做法不久之后将演变为第一种英国独创的哥特风格——“装饰风格”（Decorated Gothic）。

林肯大教堂有两个玫瑰窗，都位于横厅端头。位于北端的是所谓“院长之眼”（Dean's Eye），是典型的早期风格玫瑰窗。而位于南端的所谓“主教之眼”（Bishop's Eye）则是14世纪装饰风格盛行时代的代表作。

右图为南玫瑰窗『主教之眼』，左图为北玫瑰窗『院长之眼』

罗马人统治时代的伦敦城（作者：R. E. Pinar）

12-4 伦敦西敏寺

伦敦西敏寺西侧外观

一般认为，伦敦城（London）是由入侵的罗马军队在公元 47 年建立的。在宽阔的泰晤士河下游，他们寻觅到一处适宜架桥的地点。在桥梁建设的同时，在大桥北岸，第一座伦敦城——当时被称为“伦底纽姆”（Londinium）——被建造起来。随后这座城市迅速发展起来，成为罗马不列颠最大和最主要的城市之一。公元 5 世纪，罗马人撤走，这座城市几乎被完全废弃，直到一百多年后才在盎格鲁—撒克逊人的统治下逐渐恢复过来。1016年，丹麦人克努特成为英格兰国王后，伦敦首次被设为宫廷所在地。1042年，“忏悔者”爱德华在伦敦城西泰晤士河畔修建了一座修道院，这一片地区由此就被称为“Westminster”。㊀他还将宫廷从伦敦城中迁到这里，从此形成商人市民居住的伦敦城与王室宫廷生活的威斯敏斯特双城并立的格局。

西敏寺圣坛，由西向东看

1245年，英国国王亨利三世（Henry Ⅲ，1216—1272年在位）下令按照法国哥特风格重建西敏寺。重建工作从东端圣坛和横厅开始，这个部分的拱顶除了增加了装饰性的脊肋之外，其他都是按照法国盛期风格建造的。中厅一直到14世纪才最终建成，因而具有浓郁的“装饰风格”特征。而西端的两座塔楼则是18世纪才建造的。

西敏寺中厅拱顶

㊀ “Westminster”这个单词的意思就是“西部修道院”，作为地名用时，中文译为“威斯敏斯特”，而作为教堂的称呼，中文一般译为“西敏寺”，也有译为“威斯敏斯特教堂”，但不应译为“威斯敏斯特大教堂”，因为这里不是伦敦主教座之所在。在英国宗教改革之前，伦敦主教座一直设在圣保罗大教堂中。在宗教改革之后，伦敦的天主教徒于19世纪在威斯敏斯特区建造了一座新的主教教堂。

16世纪初的西敏寺及其边上威斯敏斯特王宫复原图（作者：T. Ball）

西敏寺中的忏悔者爱德华圣所

1065年，“忏悔者”爱德华在西敏寺去世，被葬在教堂内。1066年，“征服者”威廉在这里加冕成为新的英格兰国王。在这以后，这座教堂就成为历代英国国王举行加冕、婚礼和葬礼的地方。大多数英国国王去世后都安葬在这里。

西敏寺中的达尔文墓碑

1400年诗人乔叟去世，他被安葬在教堂的南横厅。这个地方由此就成为许多英国文化名人包括查尔斯·狄更斯（Charles Dickens，1812—1870）在内的埋身之地，有“诗人角”（Poets' Corner）之称。以后这份荣誉的范围被扩大，许多著名的军事家、政治家和科学家都被安葬在这座教堂中，其中就有伟大的科学家艾萨克·牛顿（Isaac Newton，1642—1727）、查尔斯·达尔文（Charles Darwin，1809—1882）以及不久前去世的斯蒂芬·W. 霍金（Stephen W. Hawking，1942—2018）。

在教堂中厅西端最醒目的位置，还有第一次世界大战中阵亡的英军无名战士墓，他们与他们的国王埋在了一起。这是西方第一座无名烈士墓。这块墓碑所在的地面也是整座教堂内唯一禁止踏足其上的地方。

西敏寺中的无名战士墓

有人把建筑称作是石头的史书，这句话用来形容西敏寺再恰当不过。

第十三章 英国装饰风格哥特教堂

『哥特艺术是生命的形式，它将会永恒存在。』

2012

13-1 装饰风格

所谓“装饰风格”，是英国在 13 世纪中期开始流行的一种哥特教堂设计风格。它主要体现在两个方面，一个是在窗花的设计上，打破了法国传统的一分二、二分四这样一板一眼的构图规矩，而是更加灵活富于

右图为埃克塞特大教堂装饰风格大西窗，左图为林肯大教堂法国传统风格大东窗

变化；另一个特征是体现在拱顶上，在正常的四分肋骨之外使用了大量的副肋和脊肋，这就使得原本严谨的结构逻辑变得模糊，而呈现出生动自然的景象。

13-2 埃克塞特大教堂

埃克赛特大教堂西南方向鸟瞰

1258年，埃克塞特主教（Bishop of Exeter）前往参加索尔兹伯里大教堂的落成仪式。他被其展现出的哥特风格打动，回到埃克塞特后，就开始主持旧诺曼教堂的改建工作。工程于1275年从东端歌坛开始动工，逐渐向西推进，直到1342年西立面建成。原建于12世纪初的旧诺曼教堂只有两座塔楼被保留下来，它们立在横厅的上方，这是英国仅见的教堂布局方式。

埃克赛特大教堂中厅，向圣坛方向看（摄影：D.Iliff）

新埃克塞特大教堂拥有一个总长96米的连续拱顶，是装饰风格最杰出的代表。它在林肯大教堂和西敏寺的基础上进一步发展，副肋数量更多，结构逻辑更加模糊，取而代之的是仿若棕榈树林

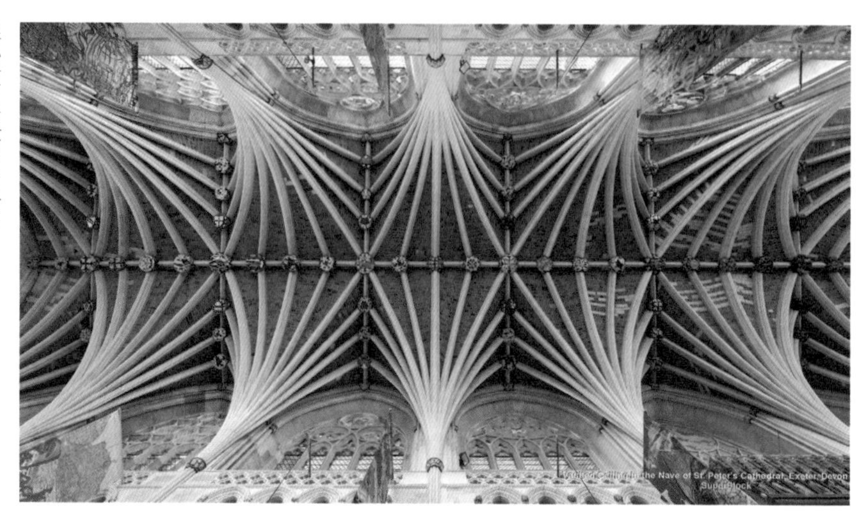

埃克赛特大教堂中厅拱顶

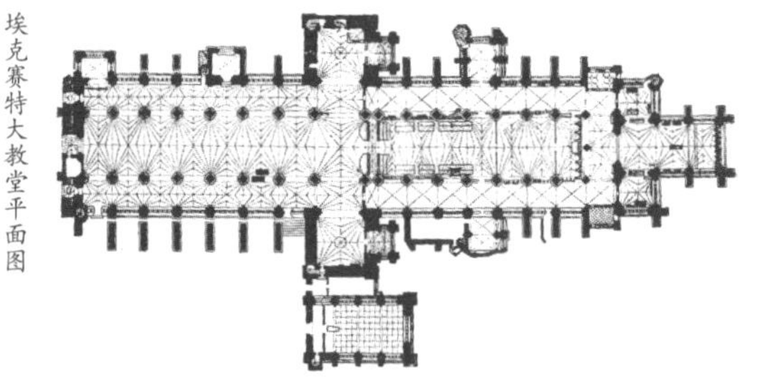

埃克赛特大教堂平面图

埃克赛特大教堂西侧外观

般的奇特效果。英国诗人兼画家威廉·布莱克（William Blake，1757—1827）在评价哥特艺术时说：“希腊艺术是数学形式，哥特艺术是生命形式。数学形式存在于理性记忆之中；生命形式则是永恒的存在。”[29]这句话用在这里最恰当不过。

埃克塞特大教堂的西立面因为没有了塔楼，与法国“趣味”相去更远。在入口大门的地方，有一道向前突出的屏风，上面满布历代圣人、君王的雕像。

13-3 伊利大教堂

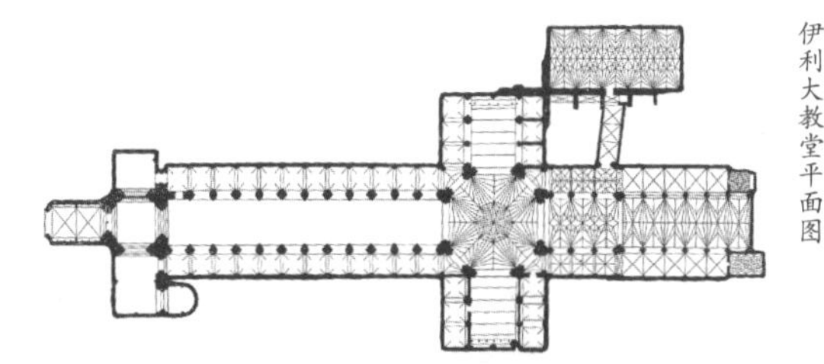

伊利大教堂平面图

诺曼人到来后，几乎所有的英国大教堂都进行了重建，伊利大教堂（Ely Cathedral）也是其中之一，它的中厅部分至今仍然保持着很好的罗马风时代的特征，木质的拱顶完成于12世纪。

伊利大教堂中厅，向圣坛方向看（摄影：D. Iliff）

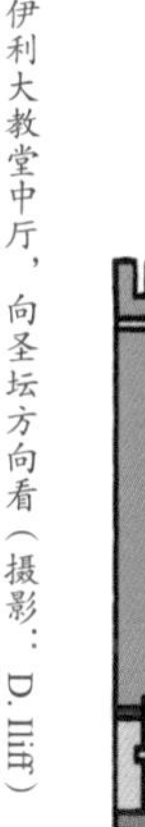

进入哥特时代之后，伊利大教堂的歌坛部分再次进行重建，其范围大大向东延伸，拱顶被誉为是英国早期哥特风格优雅华丽的代表。1322年，诺曼时代建造的十字交叉部塔楼倒塌，对临近歌坛的几个开间拱顶造成了破坏，于是这几个开间就按照新的装饰风格进行改建。

这场灾难同时还促成了伊利大教堂中日后最引人瞩目部分的诞生。木匠威廉·赫利（William Hurley）领导了中塔的重建工作。他采用橡木代替石头，创作出哥特装饰风格时代的杰出范例。

伊利大教堂歌坛，由西向东看，远处六个开间拱顶为早期风格，近处拱顶为装饰风格

伊利大教堂十字交叉部塔楼内景

伊利大教堂西侧外观

伊利大教堂的西端设计比较特别，最高大的塔楼（66米）被建造在正中央，两边耳堂两端还各有两座小塔楼。如果十字交叉部主塔没有倒塌的话，本来也应该是同样的设计。如此众多的塔楼高低林立，远远望去，犹如一艘高大的战船。可惜15世纪时，西北耳堂也倒塌了，以后再没有恢复，使其立面呈现不对称的效果，久而久之，竟然变成为伊利城市的标志符号，以至于其中一座城门都特意做成一大一小两座门洞并列的模样。

伊利大教堂还有一座附设的圣母礼拜堂（Lady Chapel）㊀，其拱顶和窗花装饰极为华丽，也是英国哥特装饰风格的典型代表。

伊利大教堂圣母礼拜堂内部（摄影：D. Iliff）

13-4 约克大教堂

位于英格兰北方的约克大主教（Archbishop of York）是英格兰仅有的两位大主教之一，地位仅次于坎特伯雷大主教。作为大主教的宝座所在，约克大教堂（York Minster）最初建于公元7世纪，以后历经多次重建，逐渐由木质小教堂发展为石质的罗马风大教堂。

约克大教堂西北方向鸟瞰

㊀ 英国人将圣母尊称为“Our Lady”。

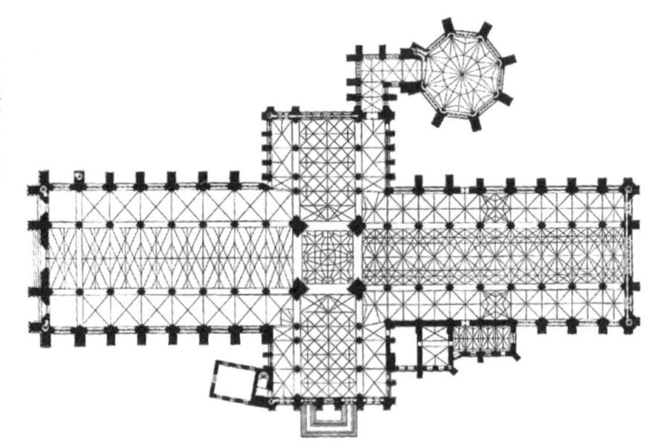
约克大教堂平面图

1215 年，新任大主教沃尔特·德·格雷（Walter de Gray）决心要用哥特风格重建约克大教堂，以超过“老对头”坎特伯雷大教堂。教堂建设持续很长时间，直到 1472 年才最终全部完工。

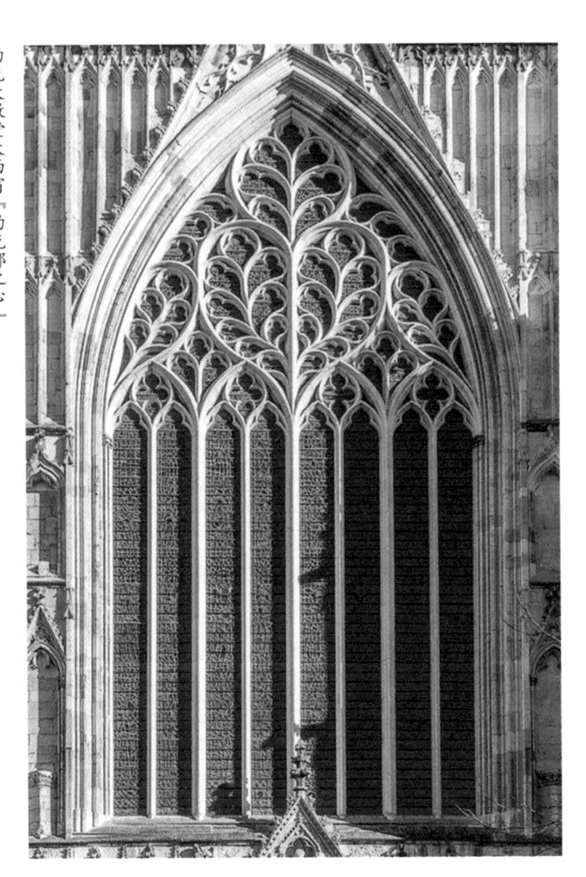
约克大教堂大西窗「约克郡之心」

新的约克大教堂实现了格雷大主教的愿望，成为英国乃至整个北欧地区最大和最宽的大教堂。它的西立面与坎特伯雷大教堂一样都保持法国式的双塔特征，都以一个大西窗来取代法国式的玫瑰窗。这扇装饰风格的大西窗窗花被设计成心形图案，号称“约克郡之心”（Heart of Yorkshire）。

大教堂中厅高 31 米，拱顶是用木头做的，呈现如同编织网状的特殊效果。英国是一个有着悠久航海传统的国家，造船技术娴熟，可以便利地将船舶龙骨的铺设方式用于教堂之中，并反过来影响石材拱肋的加工，从而形成哥特时代与众不同的风格。

约克大教堂还以其精美绝伦的窗花设计和彩绘玻璃著称。14 世纪建造的大东窗号称是欧洲单扇面积最大的中世纪彩绘玻璃窗，要是躺下来的话，几乎有一个网球场那么大，窗花处理呈现复杂交错的曲线造型。而 13 世纪建造的横厅北窗有“五姐妹窗”（Five Sisters window）之美称，有 16.3 米高，据说是用超过10万片玻璃制作的。

约克大教堂歌坛，尽端为大东窗

约克大教堂歌坛横厅，由南向北看，远处为『五姐妹窗』

13–5 韦尔斯大教堂

韦尔斯大教堂西立面局部

1175年开始重建的韦尔斯大教堂（Wells Cathedral）也是英国哥特装饰风格的代表作。它有一个号称全英国最美丽的立面。虽然看上去也呈现双塔楼的造型，但是因为它的双塔并没有放在侧廊通道的前方，而是偏移在外侧，所以立面就显得特别宽。六条向外突出的扶壁将立面划分成七个部分。每条扶壁都布满上下层叠的券廊壁龛，连同立面的其他部分，一共有176座真人大小的人像、30座天使像以及数十个圣经故事场景。

韦尔斯大教堂西侧外观

韦尔斯大教堂的平面也是英国典型的双横厅双歌坛布局，全长 126 米。

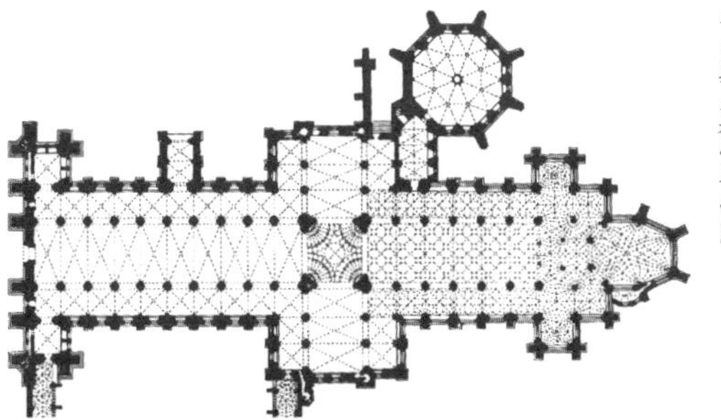

韦尔斯大教堂平面图

中厅拱顶是标准的法国哥特盛期风格，而 14 世纪建造的歌坛拱顶因为是木头做的，呈现出迷人的网格造型。

14 世纪的时候，人们发现之前早已建成的十字交叉部中心塔楼基座有下沉的迹象，为了防止其倒塌，工匠威廉·乔伊（William Joy）创造性地为其设计了一个造型奇特的剪刀拱（Scissor Arches），写下流光溢彩的神来之笔。

韦尔斯大教堂歌坛内景，由西向东看

韦尔斯大教堂中厅，向圣坛方向看

13-6 卡莱尔大教堂

卡莱尔大教堂大东窗（摄影：D. Iliff）

13世纪重建的卡莱尔大教堂（Carlisle Cathedral）是现存英国中世纪大教堂中体量第二小的建筑（仅比牛津大教堂大一些）。这座教堂以其英国哥特装饰风格图案最复杂的大东窗和极为精致的14世纪木制拱顶而著称。

卡莱尔大教堂拱顶

13-7

布里斯托尔大教堂

13世纪末开始重建的布里斯托尔大教堂（Bristol Cathedral）是一座在英国极为少见的大厅式哥特教堂，其侧廊与中厅高度完全相同，因而只能依靠侧廊外的大窗进行采光。其歌坛拱顶也具有装饰风格的特征。中厅和西立面则是在19世纪重建的。

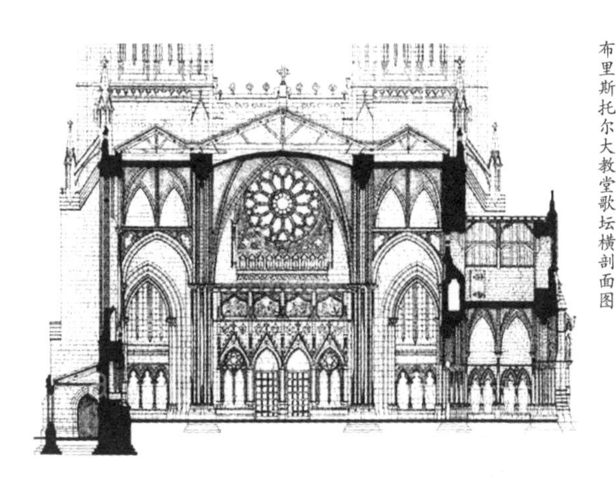

布里斯托尔大教堂歌坛横剖面图

布里斯托尔大教堂中厅，向圣坛方向看，近处中厅是在19世纪仿照歌坛重建的（摄影：D. Iliff）

13-8 梅尔罗斯修道院教堂

梅尔罗斯修道院教堂南横厅外观

如今已经半成废墟的梅尔罗斯修道院（Melrose Abbey）是苏格兰最著名的装饰风格时代哥特建筑。1920 年在这里发现了一个铅质容器，里面有一个仍然可以识别的人类心脏遗存。尽管还缺乏确凿无疑的证据，但是目前一般公认这颗心脏是属于苏格兰历史上最伟大的国王罗伯特·布鲁斯（Robert the Bruce，1306—1329 年在位）。

罗伯特·布鲁斯心脏埋放处，上面写着：『只有自由才会让这颗高尚的心平静』

生活在大不列颠岛北端的苏格兰人与南方的英格兰人有不同的起源。很早就生活在这里的皮克特人曾经极力抵抗驻扎在南方的罗马军团入侵。大约在公元 6 世纪的时候，盖尔人从邻近的爱尔兰岛移居到大不列颠岛西北部，他们逐渐与皮克特人融合，以后就以罗马人对盖尔人的称呼统称为苏格兰人。公元 843 年，盖尔人肯尼斯一世（Kenneth I,

843—858 年在位）征服皮克特人以及从南方迁来的部分盎格鲁—撒克逊人，建立了统一的苏格兰王国。在由男性嫡裔代代相传了 400 多年后，1286 年，苏格兰国王亚历山大三世（Alexander III，1249—1286 年在位）未留下儿孙而去世，王位传给唯一的后代外孙女玛格丽特（Margaret，1286—1290 年为苏格兰女王）。1290 年，年仅 7 岁的玛格丽特在从出生地挪威前往苏格兰的旅途中去世，苏格兰遂陷入王位争执的内乱之中。在这种情况下，作为玛格丽特外祖母的哥哥，打着仲裁者旗号的英格兰国王爱德华一世（Edward I，1272—1307 年在位）入侵苏格兰，废黜并囚禁新上任的苏格兰国王约翰・巴里奥（John Balliol，1292—1296 年在位，为亚历山大三世叔祖父的女系后代），大有吞并苏格兰之势。值此危难时刻，在民族英雄威廉・华莱士（William. Wallace，1272—1305）英勇抗争事迹的感染之下，同样拥有王室血统的罗伯特・布鲁斯（也是亚历山大三世叔祖父的女系后代）成为苏格兰独立运动的主要领导者，并于 1306 年被推选为新的苏格兰国王。1314 年，在著名的班诺克本会战（Battle of Bannockburn）中，罗伯特・布鲁斯带领苏格兰军队决定性地击败了英格兰入侵者。1328 年，英格兰与苏格兰签订协议，正式承认苏格兰的独立地位。1329 年，罗伯特·布鲁斯去世。按照他的遗愿，他的心脏被取出来，交给他最信任的骑士詹姆斯・道格拉斯（James Douglas），准备带往耶路撒冷圣城。在西班牙穆斯林统治区，道格拉斯英勇战死。他的战友最终将这颗勇敢的心脏带回苏格兰，安葬在梅尔罗斯修道院。

苏格兰与英格兰之间的恩恩怨怨并未就此平息。此后 200 多年，两国仍然不断发生战争，这座修道院也在战争中屡次遭到破坏，最终在 16 世纪时被彻底毁坏。

第十四章 英国垂直风格哥特教堂

「谁说得准，此刻在世的人，明年会在何方？」

14-1 垂直风格

英国“装饰风格”问世后不久就传回法国，其优美的花窗曲线造型让法国人赞赏不已，点燃了法国哥特的“火焰风格”。但是英国人自己却很快将它扬弃。14 世纪后半叶起，一种名为“垂直风格”（Perpendicular Style）的新造型又出现在英国哥特建筑中。与“装饰风格”相比，“垂直风格”继承了构造透明性的特征，在花窗上更加侧重垂直方向的表现效果——该风格由此得名，花格造型趋于简练，而将由此节省下来的创造力全部用在拱顶上，追求更加精细复杂的造型表现，几乎完全忽略了哥特拱顶最初的结构意义。

14-2

温彻斯特大教堂

温彻斯特大教堂（Winchester Cathedral）是英国中世纪哥特教堂中最长的一座，总长达到 170 米。

温彻斯特位于英格兰南部，在中世纪的时候一度曾经是英格兰王室所在地。这座大教堂最早建于公元 7 世纪，11 世纪诺曼人到来后在旧教堂的边上按照罗马风格建造了一座新教堂。14 世纪的时候，这座教堂的中厅和西立面进行重建。其大西窗是典型的垂直风格，几乎仅剩下垂直线条，看不出其他的装饰特征。有人认为这种风格的流行可能跟中世纪频繁的战乱和瘟疫给社会带来的悲观情绪有关，不过如果去看它那华丽的中厅拱顶，似乎这个观点又不能成立。这个拱顶在原装饰风格基础上进一步发展，围绕束柱又增加了一道环状副肋，使其初步呈现扇形拱顶（Fan Vault）的新型形态。

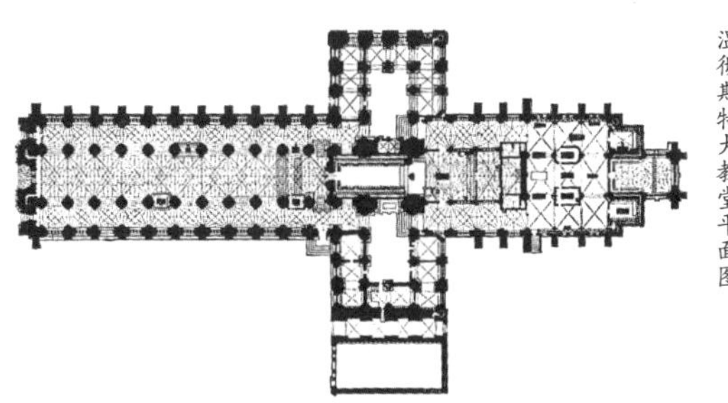

温彻斯特大教堂平面图

温彻斯特大教堂西侧外观（摄影：A. McCallum）

温彻斯特大教堂中厅拱顶，向圣坛方向看（摄影：D. Iliff）

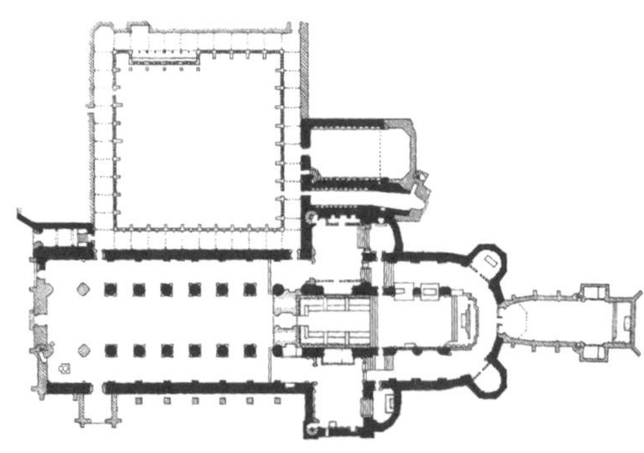
格罗斯特大教堂平面图

格罗斯特大教堂中厅，向圣坛方向看（摄影：D. Iliff）

格罗斯特大教堂歌坛中的爱德华二世陵墓

14-3 格罗斯特大教堂

位于英格兰西部的格罗斯特大教堂（Gloucester Cathedral）堪称是垂直风格最杰出的代表。这座建筑最早建于1089年诺曼时代，它的平面布局以及中厅的两侧墙面和柱廊依然保留罗马风时代厚重的特征，拱顶则是后来的哥特风格。

在这座教堂歌坛的柱间可以看到英国国王爱德华二世（Edward Ⅱ，1307—1327年在位）的陵墓，他是诺曼王朝开启之后少数没有葬在伦敦西敏寺的英国国王之一。1327年，爱德华二世因软弱无能和宠幸佞臣，激起由其王后发动的叛乱而被迫退位，之后被王后一党在格罗斯特附近残忍杀害。他的惨死引起民众的同情。三年之后，爱德华三世发动政变推翻母亲乱政，而后将父亲爱德华二世隆重安葬在格罗斯特大教堂歌坛

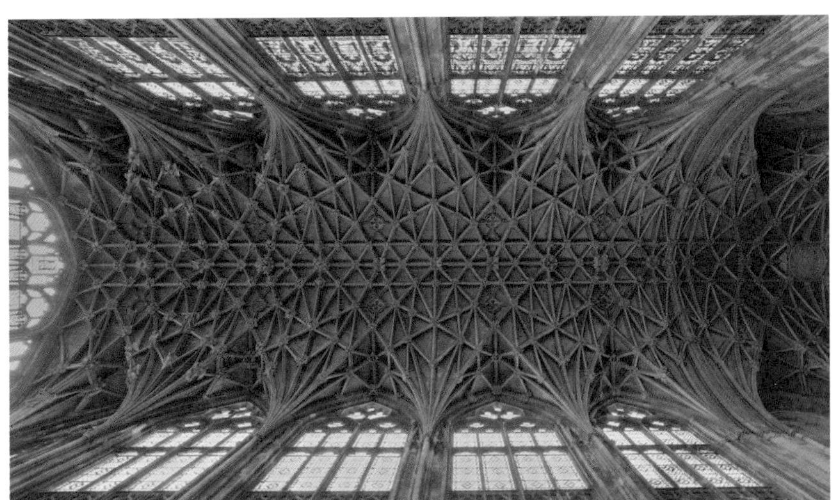
格罗斯特大教堂歌坛拱顶

中，并于1331年重建歌坛以供民众参拜。

格罗斯特大教堂歌坛，由西向东看（摄影：D. Iliff）

这座新建歌坛采用垂直风格设计。它的三个立面完全不同于过去的特征，几乎都是由垂直的框架构成。特别是东端这个超大型彩色玻璃窗，细长的窗框垂直向上延伸，使整个窗子显得格外简洁轻盈透亮。工匠们将他们的才华主要用在拱顶上，其精巧繁复令人眼花缭乱。人在其中，犹如是置身在一个到处都闪烁着光芒的大首饰盒内。

1373年开始修建的格罗斯特大教堂修道院回廊可

格罗斯特大教堂修道院回廊（摄影：C. JT Cherrington）

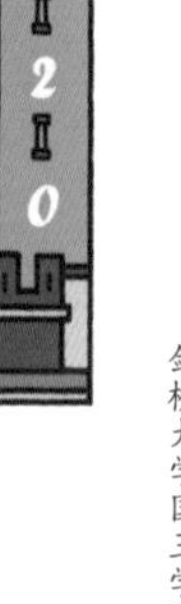

以说是英国哥特教堂拱顶装饰登峰造极的表现。这样的扇形拱顶已经与讲求结构逻辑真实清晰的法国哥特拱顶没有任何联系，但却实实在在地成为弥足宝贵的艺术珍品。

剑桥大学国王学院礼拜堂内景

14-4 剑桥大学国王学院礼拜堂

剑桥大学（University of Cambridge）是在1209年由一群因与地方冲突而出走的牛津师生建立的。1446年建造的国王学院礼拜堂（King's College Chapel）由著名工匠瓦斯泰尔（Wastell）设计，其拱顶堪称是格罗斯特大教堂修道院回廊的放大版，将“垂直风格”的造型特征几乎发挥到了极致。

14-5 玫瑰战争

剑桥大学国王学院是由英国国王亨利六世（Henry VI，1422—1461 年和 1470—1471 年在位）创办的。

亨利六世是一个充满悲剧色彩的历史人物。作为伟大的亨利五世的儿子，他一出生就被戴上了英格兰和法兰西的双重王冠，英格兰的国运在那一刻似乎达到了极盛。但是随着贞德的出现，法国人受到鼓舞，最终打赢了“百年战争”。战事失败后，在悲观气氛的笼罩下，亨利六世的统治权开始遭到质疑。约克公爵理查（Richard of York，1411—1460）宣称，亨利六世的祖父亨利四世当初是非法篡夺理查二世的政权，而约克公爵理查虽然是爱德华三世第四子的男系后代，但其母亲却为爱德华三世第二子的外孙女，其舅舅曾被立为理查二世的王储，按惯例，其继承顺位理应优先于作为爱德华三世第三子后代的兰开斯特家族（House of Lancaster）。双

英格兰王室谱系（从爱德华三世到亨利七世）

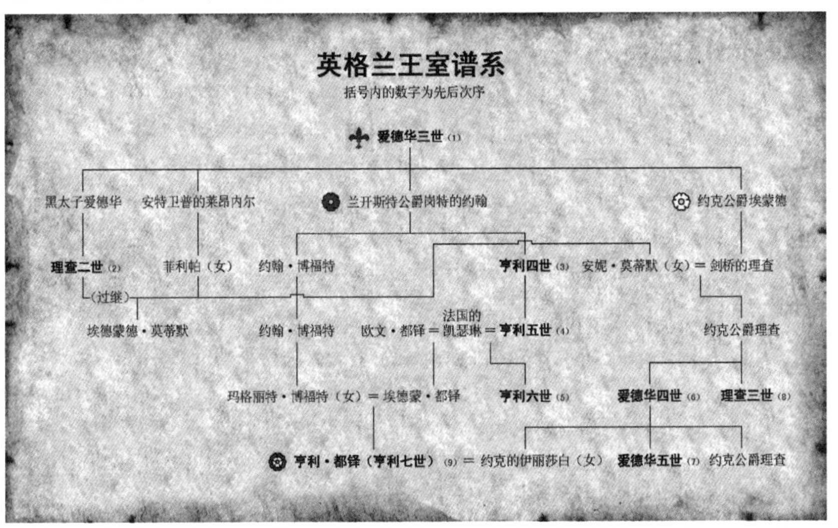

玫瑰园之争，根据莎士比亚戏剧《亨利六世》相关情节所绘（H. Payne 作于 1908 年）

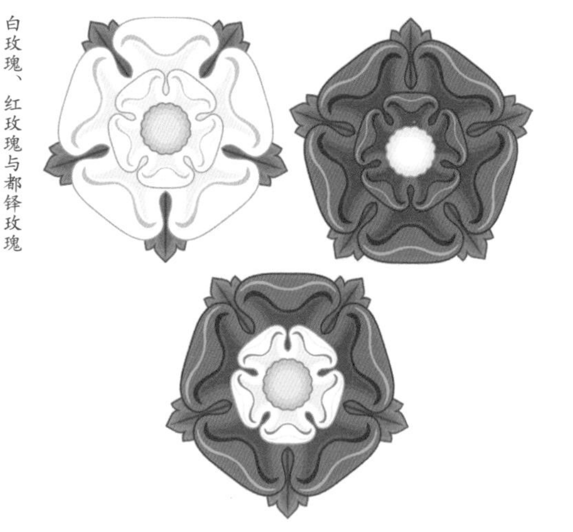
白玫瑰、红玫瑰与都铎玫瑰

方于是爆发“玫瑰战争”㊀（Wars of the Roses，1455—1487 年，兰开斯特家族徽章为红玫瑰，约克家族徽章为白玫瑰）。经过几番惨烈的争战，亨利六世被废黜，约克家族（House of York）的爱德华四世（Edward Ⅳ，1461—1470 年　和 1471—1483 年在位）成为国王，兰开斯特家族几乎被斩杀殆尽。而后，爱德华四世之子爱德华五世（Edward V，1483 年在位）被他的叔叔理查三世（Richard Ⅲ，1483—1485 年在位）篡位。最后，兰开斯特家族仅存的庶支亨利七世（Henry VII，1485—1509 年在位）起兵推翻理查三世。他迎娶了当时从法理上说最有继承资格的爱德华四世的长女约克的伊丽莎白（Elizabeth of York，1466—1503），从而使两大家族和解，重新统一了英格兰。

㊀ 准确地说，“玫瑰战争”这个词是 19 世纪才问世的。王室中最早使用白玫瑰作为徽记的是约克公爵理查，他的儿子爱德华四世继承了这个符号。而红玫瑰出现时间较晚，直到兰开斯特家族仅存的成员亨利都铎开始竞逐王位时才成为兰开斯特王室的徽记。兰开斯特支持者宣称：“为了向白玫瑰复仇，红玫瑰怒放吐艳。”（参见：丹·琼斯的《空王冠》）亨利·都铎赢得最终胜利成为亨利七世后，迎娶爱德华四世的女儿，于是就将红白玫瑰结合，形成所谓“都铎玫瑰”。

14-6 伦敦西敏寺的亨利七世礼拜堂

1502年在西敏寺东端接建的亨利七世礼拜堂（Henry Ⅶ Chapel）是亨利七世以及他所创建的都铎王朝（Tudors，1485—1603）主要成员的墓室所在地，并因此得名。这座建筑是晚期垂直风格的杰作，它在扇形拱的基础上又增加了一个垂状构件，扇形拱由此向四面放射展开，其重力则通过横拱传递到两侧。这个结构构思之精巧和大胆令人叹为观止。

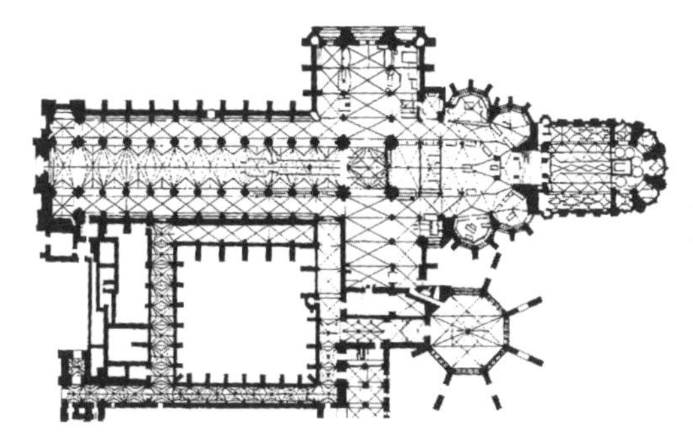

最右端为亨利七世礼拜堂

亨利七世礼拜堂拱顶结构示意图（作者：R. Willis）

亨利七世礼拜堂拱顶

第十五章 英国中世纪的世俗建筑

『主乃我明灯。』

15-1 伦敦塔

伦敦塔西北方向鸟瞰

位于伦敦城东南角泰晤士河边的伦敦塔（Tower of London），是由"征服者"威廉建造的为王室居住的宫殿，同时也是诺曼人征服和压制伦敦的象征。最初只是一座方形的石头堡垒，以其建成之初被粉刷成白色而得名白塔（White Tower），外围环以壕沟和木栅栏，局部则利用原罗马时代旧城墙进行防御。在后来的岁月中，白塔的外围区域不断扩大和加强，到爱德华三世时代，最终形成由双重城墙（不含白塔本身）加一道护城河组成的坚固防御体系。

1300年左右的伦敦塔复原图（作者：I. Lapper）

虽然伦敦塔在历史上主要是扮演英王宫殿的角色——其如今的正式称呼为“女王陛下的宫殿与城堡”，但是更令世人感兴趣的却是它曾经作为监狱关押王室要犯的黑历史。在玫瑰战争后期，爱德华四世的两个儿子就曾经被他们的叔父理查三世关进伦敦塔中，从此再无音讯。时至今日，关于这两个小王子究竟是死于谁人之手——是理查三世还是亨利七世（这两个人不论是谁都有非要置他们俩于死地不可的动机）——还是一个让人争论不休的话题。

伦敦塔中的爱德华五世与约克公爵（作者：J. E. Millais）

15-2 温莎城堡

位于伦敦以西大约 30 公里的温莎城堡（Windsor Castle）最早也是在威廉一世时代修建的，以此作为伦敦防御体系的一个重要组成部分。其核心圆塔（Round Tower）的现存部分最早可以追溯到 12 世纪亨利二世时代。在后来的岁月中，这座城堡也不断进行改扩建。由于规模足够大且与伦敦城保持一定距离，这座城堡一直都是英国王室最主要的行宫所在地。百年战争和玫瑰战争的风云人物爱德华三世和亨利六世都是在这座城堡中出生的。

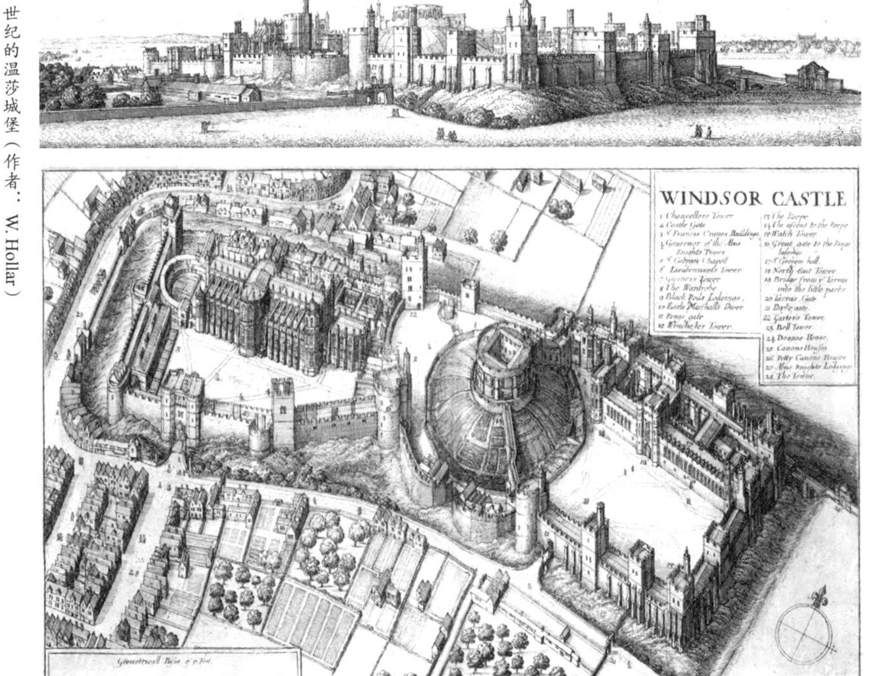

17世纪的温莎城堡（作者：W. Hollar）

15-3 格温内斯的爱德华国王城堡

英国最壮观的中世纪城堡保存在威尔士（Wales）。

盎格鲁—撒克逊人反客为主侵占不列颠岛东部之后，一部分布立吞人撤退到西部山区进行抵抗，以后被称为威尔士人（Welsh）。尽管有亚瑟王（King Arthur）和他的圆桌骑士团（Knights of the Round Table）的美好传说，但是威尔士人还是在同盎格鲁—撒克逊人的斗争中落了下风。

在英国国王亨利三世（Henry Ⅲ，1216—1272年在位）统治时期，威尔士境内的主要地方势力格温内斯王国（Kingdom of Gwynedd）国王大罗埃林（Llywelyn the Great，1195—1240年在位）苦于两个儿子之间的继承人之争，于是自愿降为亨利三世的藩属，以换取英格

卡那封城堡

亚瑟王与圆桌骑士团（作于15世纪）

哈赫勒城堡

兰的支持。[30]大罗埃林死后，他的继承者违背承诺，与英格兰内部反叛势力联起手来对抗亨利三世和他的儿子爱德华一世。1277年，爱德华一世在进行了充分的准备之后入侵威尔士，采用步步为营的战术，最终在1284年彻底征服这个地区。

为了巩固对威尔士的占领，爱德华一世聘请来当时欧洲最有名的城堡建筑大师圣乔治的詹姆斯（James of Saint George，1230—1309）在威尔士的各个重要战略据点修建城堡，其中包

康威城堡复原图（作者：R. E. Pinar）

括卡那封城堡(Caernarfon)、哈赫勒城堡（Harlech）、康威城堡（Conway）和博马里斯城堡(Beaumaris)等。这些城堡被统称为格温内斯的爱德华国王城堡（Castles and Town Walls of King Edward in Gwynedd），如今大都较好地保存下来，成为中世纪动荡岁月的忠实写照。

博马里斯城堡

在卡那封城堡，根据历史学家们津津乐道的说法，为了安抚威尔士人的自尊心，爱德华一世许诺将会给他们选拔一位出生在威尔士且不会讲英语的新领袖。他将临产的王后接到这里，生下了后来的爱德华二世。他封爱德华王子为威尔士亲王（Prince of Wales），兑现了他的诺言。几个月之后，王太子去世，爱德华小王子成为新的王位继承人。从此以后，威尔士亲王就成为英国王太子的正式封号，威尔士与英格兰永远联系在了一起。

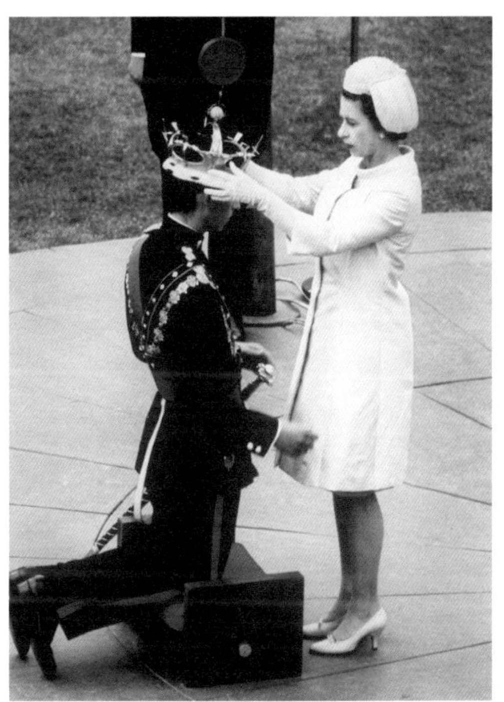

1969年7月1日，英国女王伊丽莎白二世在卡那封城堡为她的长子查尔斯加冕威尔士亲王

15-4 伦敦威斯敏斯特大厅

威斯敏斯特宫，左侧突出的建筑为威斯敏斯特大厅

威斯敏斯特大厅内景（T. Rowlandson 作于 1808 年）

位于西敏寺东侧泰晤士河畔的威斯敏斯特宫（Palace of Westminster）从 11 世纪起就是英王的主要居所，直到 16 世纪初一场大火之后国王搬到新宫居住，此地则成为议会所在地。19 世纪该建筑群再次发生火灾，之后被按照新古典主义与哥特复兴相糅合的风格进行重建。在这两场火灾中，位于最西侧主要用于法院审判用途的威斯敏斯特大厅（Westminster Hall）幸运地躲过劫难，成为整座宫殿中少数几处中世纪遗物之一。

这座大厅最早建于 1097 年，原本可能是中央有两排柱子的普通巴西利卡式。理查二世统治时期，休·赫兰德（Hill Herland，1330—1411）移除了那两排柱子，然后在屋顶上设计了一个锤梁结构（Hammerbeam Roof），使之成功跨越 20.7 米跨度，成为英国跨度最大的中世纪大厅。

15-5 牛津大学

牛津大学校徽，中间写道：『主乃我明灯』

至迟在1096年就已经开办的牛津大学（University of Oxford）是欧洲仅稍晚于意大利博罗尼亚大学的第二古老且持续办学至今的大学。在初创年代，大学并没有固定的校园区域，演讲厅都是从城市中临时租用的，学生也没有固定的住所。1274年，时任英格兰大法官沃尔特·德·默顿（Walter de Merton，1205—1277）创办默顿书院（Merton College），为牛

大学讲座（作于14世纪）

牛津鸟瞰，前景中央为默顿书院（摄影：Chensiyuan）

津师生提供一个永久性的居所，从而开创了书院制的先例。在这之后，其他类似的书院陆续创建，师生数量不断增加，但是牛津大学始终没有形成独立的校区环境，而是与城镇生活融为一体，形成互相依存也不乏冲突的有机关系，英语中称之为“Town and Gown”。

牛津大学现存最古老的教学建筑是神学院（Divinity School），其屋顶是与伦敦西敏寺亨利七世礼拜堂相似的垂直风格扇形拱，由名工匠威廉·奥查德（William Orchard）设计。

牛津大学神学院室内（摄影：D. Iliff）

第十六章 神圣罗马帝国的哥特建筑

“古老的褐色钟楼三次毁坏，又三次重建，始终注视着这座城市。”

16-1 12世纪之后的神圣罗马帝国

当法国和英国的君主势力在12—13世纪逐渐得到加强的时候，德意志的局势却在发生相反的转变。

亨利四世与亨利五世时代的“主教叙任权之争”对神圣罗马帝国皇帝的威望造成了沉重打击。1125年亨利五世去世，没有留下继承人，于是德意志诸侯们又掌握了国王和皇帝的选举权。在经过接连两次选举之后，1152年，霍亨斯陶芬家族（Hohenstaufen）的腓特烈一世（Frederick I，1152—1190年在位）当选为德意志国王，1155年在罗马加冕为皇帝。为了驾驭权力过大的德意志诸侯，腓特烈一世迫切需要控制富裕的北意大利地区以获得财富，于是北意大利各城邦全都成为他的敌人。

1189年，西西里国王威廉二世无嗣而终，由诺曼冒险家创建的伟大国度陷入继位之争。腓特烈一世的儿子亨利六世（Henry VI，1190—1197年在位）以其妻子是西西里公主的名义入侵意大利南部，最终于1194年夺得了西西里王位。如此一来，教皇国就被皇帝势力前后包夹，于是教皇对皇帝的敌意也进一步加深。

亨利六世的儿子腓特烈二世（Frederick Ⅱ，1198年起为西西里国王，1212年起为德意志国王，1220年加冕为皇帝）从小就生长在西西里，相比陌生的德意志，他更加留恋地中海的气候和西西里的财富，于是皇帝对德意志诸侯的控制力更加削弱了。最终，到1250年腓特烈二世去世的时候，神圣罗马帝国皇帝的权威已经跌落到谷底，德意志开始进入漫长的封建割据时期。

从这之后的神圣罗马帝国与其说是一个国家，不如说是一个皇帝名义上统辖的由许许多多公侯或主教统治的独立国家的松散联邦。根据1356年颁布的金玺诏书（Golden Bull of 1356），七个大诸侯获得选举皇帝（兼德意志国王和意大利国王）的特权，被称为“选帝侯”（Prince-Elector）。他们包括帝国三大主教：特里尔大主教（名义上的勃艮第王国

由左至右分别为：科隆、美因茨和特里尔大主教、莱茵—普法尔茨伯爵、萨克森—维腾堡公爵、勃兰登堡侯爵与波希米亚国王（作于14世纪）

大宫相，Archchancellor of Burgundy）、美因茨大主教（名义上的德意志王国大宫相，Archchancellor of Germany）和科隆大主教（名义上的意大利王国大宫相，Archchancellor of Italy），以及代表原东法兰克王国四大民族组成的四个大诸侯：莱茵—普法尔茨伯爵（Count Palatine of the Rhine）作为原法兰克公国的代表兼帝国大总管（Arch-Steward）；萨克森—维滕堡公爵（Duke of Saxony-Wittenberg）作为原萨克森公国的代表兼帝国大司仪（Arch-Marshal）；施瓦本公国已经消失，其代表权由勃兰登堡侯爵（Margrave of Brandenburg）继承并兼帝国大司库（Arch-Chamberlain）；而巴伐利亚公爵则因其与莱茵—普法尔茨伯爵同属一个家族而被剥夺选帝侯资格，交给斯拉夫民族的代表波西米亚国王（King of Bohemia）兼大酒政（Arch-Cupbearer）。

Arolus der fierde mitt gunſte
götlicher miltikeit Römiſcher keiſer·Allezyt merer
des rychs·vnd künig zů Beheim·Des dinges zů ewi
k
gem gedencken·Ein yeglich rych das jn ſichſelber
geteilt iſt/das würt zerſtört·Wann ſyn fürſtē ſint
worden der diebe geſellen Darum̄ hat got mitten vn
der ſy gemiſchet einen ſchwindelgeiſt/das ſy ſich ſtoſſent an dem mit
tentage/als jn dem fünſteren·Vnd hat ir kertzſtal bewegt von ſiner
ſtat·vnd ſint blind·vnd fürer der blinden·Vnd wer jn dem finſteren
geet der ſtoſſet ſich·Vnd mit blinden gedencken begeend ſy vil miſſe
tat/die jn der teilunge geſchehent·Sage du hochfart wie mechteſtu
an lucifer geherſchet han/hetteſtu zertrennunge nit zůhulff gehan·
Sage du nydiger tüffel/wie hetteſtu adam vſſz dem paradiſe geworf
fen/hetteſtu jn nit von gehorſame geſcheiden·Sage du vnkuſcheite/
wie mechteſtu Troy han zerſtöret/hetteſtu die frawen Helenam nit
von irem manne geſcheiden·Sage zorn/wie kündeſtu das römiſch ge
meine gůt zerſtöret han/hetteſtu nit von der zweiunge Pompij vnnd
aij

1356年颁布的金玺诏书古印本（印刷于15世纪）

由于这七大诸侯各有其利益所在，由他们经过平衡斗争之后选举出来的皇帝差不多只剩下一个名号而已。正如法国大思想家伏尔泰（Voltaire，1694—1778）后来形容的那样，这个“神圣罗马帝国”是“既不神圣，也非罗马，更不像一个帝国。”㊀

㊀ 牛津大学历史学家理查德詹金斯不同意伏尔泰的这个著名论断，他认为恰恰是伏尔泰忘记了“罗马”和“帝国”这两个词的古意。实际上，罗马帝国并不是某一个家族或者某一个民族专有的国家，而是地中海周边不同民族不同种族所共同享有和认同的文化集合体。从某种意义上说，神圣罗马帝国也是如此。——参见《罗马的遗产》。

16–2
科隆大教堂

作为选帝侯科隆大主教的座堂，科隆大教堂（Cologne Cathedral）的地位不同一般。

科隆大教堂珍藏的三王圣龛

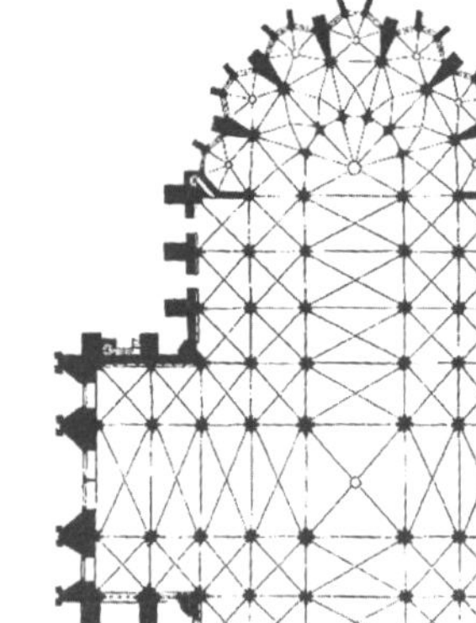
科隆大教堂平面图

这座教堂最早建于公元4世纪末，以后不断改建。1164年，腓特烈一世将所谓“东方三博士”（Biblical Magi，在耶稣出生之后，他们是最早来朝拜的人，又称“三王”）的遗骸交给这里保管，于是前来朝圣的信徒数量迅速增加。

1248年，鉴于法国哥特建筑的不断发展，科隆大主教决定以亚眠大教堂为蓝本重建这座建筑。工程从东端的歌坛开始建造。建造的过程中，在1288年，因为在一场为争夺神圣罗马帝国下属某小公国继承权的战争中不幸战败，科隆大主教被迫承认站在战胜方一边的科隆市为皇帝直辖的帝国自由城市（Free Imperial City），而不再隶属于科隆选侯国。为此，科隆选帝侯不得不将居所搬到邻近的波恩（Bonn）去。虽然科隆大教堂此后仍然是大主教座堂，但大主教从此就很少光临这个会令他感到尴尬的地方。

这场风波对科隆大教堂的工程进展造成了消极影响。到1322年时，歌坛部分才全部完工。它的内部高度达到43.3米，在所有哥特教堂中排在第四位。

1360年，大教堂的西端塔楼开工建造。1450年左右，中厅也开始建造。但是工程进展都十分缓慢。1517年，马丁·路德（Martin Luther，1483—1546）领导的宗教改革运动爆发。在这样

科隆大教堂中厅，向圣坛方向看（摄影：T. Robbin）

15世纪画作中的科隆城。城市中央偏右为科隆大教堂，可以看出当时歌坛已经完成，西端南塔楼基座部分也已完成，但中厅和横厅都还没有建造

科隆大教堂西侧外观（摄影：M. Brunetti）

一种对教会的质疑声此起彼伏的大背景下，科隆大教堂的建设资金完全中断，工程就此停工。

整整300年后，在普鲁士国王弗里德里希·威廉四世（Frederick William Ⅳ，1840—1861年在位）的鼎力赞助下，科隆大教堂按照原来的设计图纸复工建造。1880年，在开工632年之后，大教堂终于建造完成。它的西端一对尖塔高度达到157.3米，一度成为当时世界上最高的建筑。

16-3 斯特拉斯堡大教堂

1770年，21岁的约翰·沃尔夫冈·冯·歌德（Johann Wolfgang von Goethe，1749—1832）来到斯特拉斯堡大教堂（Strasbourg Cathedral）参观。之后他写了一篇文章《论德意志建筑艺术》，将哥特风格视为德意志民族天才的象征，他自豪地说："即使意大利人也造不出这样的教堂，更遑论法国人了。"[31]

位于斯特拉斯堡的歌德像（E. Waegener 作于 1904 年）

在歌德生活的年代，斯特拉斯堡及其所在的阿尔萨斯（Alsace）是一个十分特殊的行政区域。在西罗马帝国崩溃的年代，这个地方先是被阿勒曼尼人占据，而后被法兰克人统治。公元 843 年三分查理帝国的时候，阿尔萨斯与其西北部的洛林一道被分在了中法兰克王国。

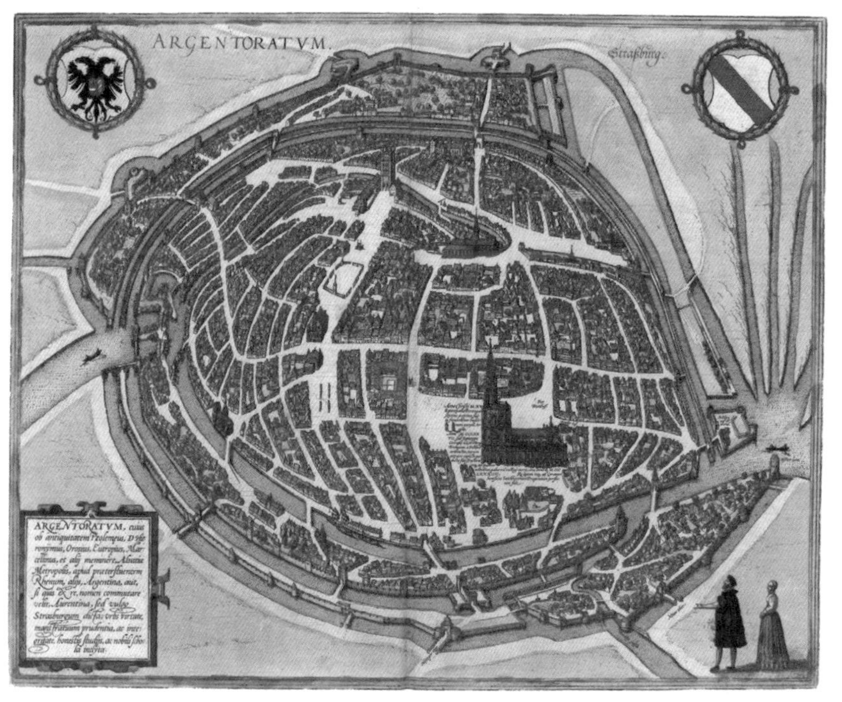

16 世纪绘制的斯特拉斯堡地图。斯特拉斯堡的形状就像是一片漂浮在水上的树叶，莱茵河支流伊尔河（River Ill）四面环绕

斯特拉斯堡，近景为位于城市西侧的中世纪桥梁，远景为大教堂

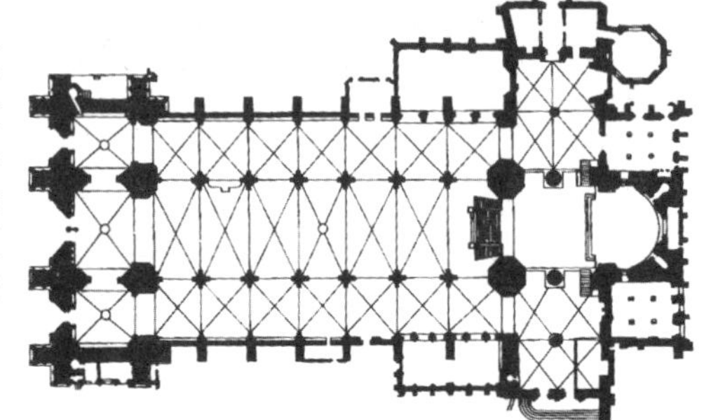

斯特拉斯堡大教堂平面图

斯特拉斯堡大教堂中厅，向圣坛方向看（摄影：D. Iliff）

公元870年再次瓜分协议之后，阿尔萨斯成了以东法兰克王国为首的神圣罗马帝国的一部分。13世纪以后，在法兰西逐渐崛起的同时，神圣罗马帝国却逐渐分裂衰落，于是法兰西开启了向东扩张的进程，其主要目标就是曾经作为中法兰克一部分而介乎于东、西法兰克之间的阿尔萨斯和洛林地区，要把它们从东法兰克也就是现在的神圣罗马帝国夺过来。在经过漫长时间的各种战争、谈判和相互算计之后，到了路易十四时代，阿尔萨斯终于被并入法国（洛林在路易十五时代也被并入法国）。然而由于当时民族国家的观念还没有完全形成，在很大程度上，国家只是君王所拥有的名号而已，阿尔萨斯虽然成了法国国王所拥

有的领地，但并不等于这里就是法国。所以在很长时间里，阿尔萨斯的居民们继续说着与德语同源的阿尔萨斯语，位于斯特拉斯堡的大学继续采用德语授课，而来到这里学习的歌德也毫无障碍地将斯特拉斯堡大教堂视为是德意志民族的杰作。

斯特拉斯堡大教堂西侧外观

这座大教堂是在1176年的时候按照罗马风格开始重建的，等到将圣坛和北横厅建完的时候已经是1225年了。这个时候一支来自法国沙特尔大教堂的施工队加入进来，于是教堂的中厅就改用已经发展成熟的法国盛期哥特风格进行建造。建成后的中厅宽16.6米，高31米。

大教堂的西立面也是按照法国哥特风格建造。北塔在1365年完成，塔尖高度达到142.1米，是现存最高的中世纪建筑，曾经在1647—1874年间登临世界最高建筑的榜首（当时埃及胡夫大金字塔的塔尖已经毁坏，残高约139米左右）。

从大教堂钟塔向下俯瞰

在这个立面建造的时候，法国哥特建筑由于受到英国装饰风格的反哺，已经发展到火焰风格阶段。在这种风格的影响下，它的整个立面几乎都被一层精雕细镂的以垂直方向为主的石质构件所笼罩。中央玫瑰窗直径达 12.8 米。周围的雕刻也是十分精彩。

尽管曾经多次遭遇战火，不仅仅是这座大教堂，斯特拉斯堡几乎整座城市都完好地保留下历史的韵味，每一条街道、每一座建筑都可说是美轮美奂、令人心醉。或许正是因为想到像这样美好的城市、美丽的家园竟然随时可能遭到敌人的蹂躏，工兵上尉鲁热·德·利尔（R. de Lisle，1760—1836）心中涌起澎湃的爱国激情，在 1792 年 4 月 25 日夜里于斯特拉斯堡奋笔写下著名的《马赛曲》（La Marseillaise）。

大教堂前老城街景

16-4 班贝格

位于德国南方的班贝格（Bamberg）最早是法兰克人建立的边境领地。11世纪初，亨利二世皇帝非常喜欢这个地方，他在这里建立了一个新的主教区，并且下令建造大教堂。亨利二世去世后被安葬在这座教堂中。1235年，大教堂进行重建。它的中厅具有鲜明的盛期哥特风格，但是平面布局以及外观上仍然保持德国罗马风时代东西双歌坛和四塔楼的特征。

班贝格大教堂西南侧外观

在亨利二世的大力扶持下，班贝格成为德国南部重

1493年的班贝格，中央为大教堂

班贝格大教堂老主教宫

要的基督教中心。城市顺着雷格尼茨河（Regnitz）两岸山丘自然布局，七座主要的小山上都修建有教堂，人们因此称之为“法兰克人的罗马”，而班贝格人则将同样建于七山之间的罗马笑称为“意大利的班贝格”。

班贝格市政厅

这座城市在第二次世界大战中是少数没有被战火毁坏的德国城市之一，老城的生活氛围一直完好地保存着，其中位于大教堂旁的老主教宫以及建造在雷格尼茨河中小岛上的市政厅都是中世纪世俗建筑的优秀范例。

16-5 吕贝克

吕贝克城市印章（13世纪）

位于波罗的海沿岸的吕贝克（Lübeck）是12世纪起逐渐开始形成的“汉莎同盟”（Hanseatic League）的中心城市。“汉莎”（Hansa）这个单词的意思是“会馆”，如其所指，这个由当时德国北方主要沿海和沿河通航城市所组成的同盟，其主要目的就是通过相互协商增进成员间的合作和帮助，以垄断波罗的海贸易权，打击周边其他竞争势力。它将城市商人阶级团结成强有力的团体，逐渐摆脱封建领主势力，为在欧洲重建城市生活起到巨大的推动作用。

汉莎商人（作于15世纪）

作为汉莎同盟的主要发起者，吕贝克的历史

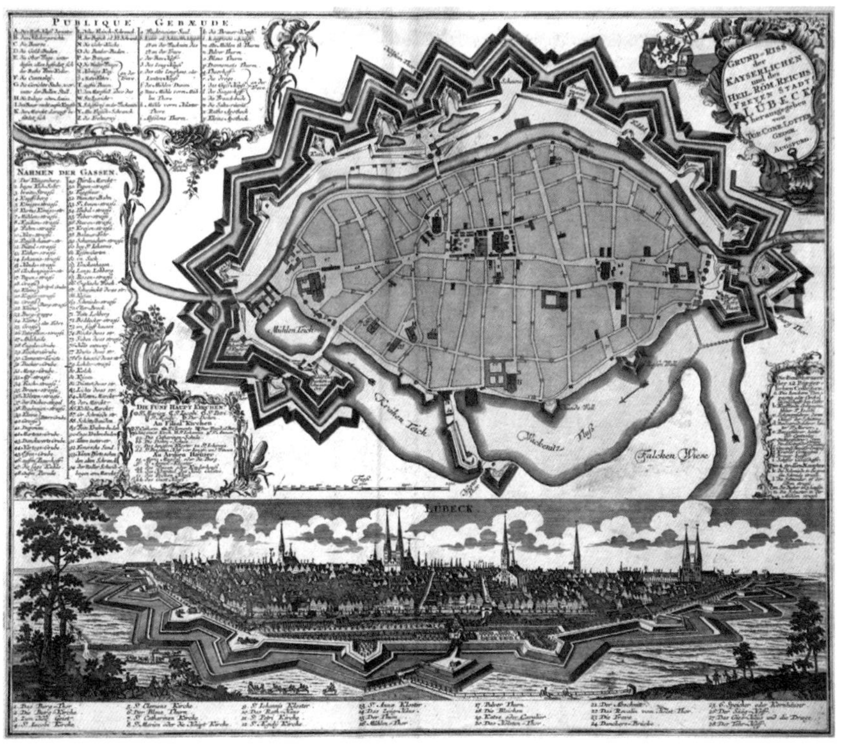

18世纪出版的吕贝克地图

近景为圣玛利亚教堂，其右侧远景为圣彼得教堂

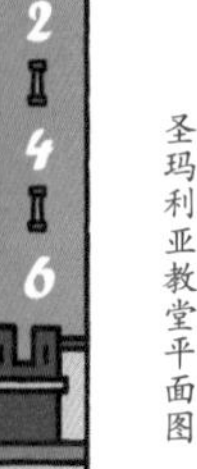

并不悠久，直到12世纪才因为德意志民族东扩（Ostsiedlung）、波罗的海沿岸开发和商业贸易兴起而繁荣起来。这座城市的形状与斯特拉斯堡极为相似，也是坐落在河流中的一个树叶状的小岛。

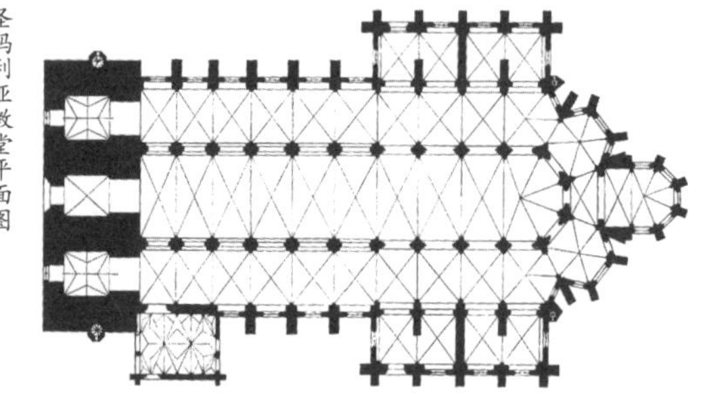
圣玛利亚教堂平面图

城市中最醒目的是七座教堂高耸的尖塔。其中最有代表性的是1277年建造的圣玛利亚教堂（Marienkirche），是主要为商人和市民服务的社区教堂，它的钟塔高125米，超过附近的吕贝克主教座教堂。这是正在崛起的商人阶级与传统教会势力抗衡的象

圣玛利亚教堂拱顶

征。这座教堂是用红砖砌筑的，这是德国北部平原主要的建筑材料，它的材质特性决定了教堂的细部造型较石头建造的哥特建筑有很大的不同，外观十分简朴。教堂内部也没有复杂的细节，38.5 米高的中厅立面被划分成等高的两层。墙面和天花都抹上白灰，相比之下，砖红色的束柱显得更加高峻峭陡。

霍尔斯滕门

吕贝克城原本有四座城门，现在还留下两座：霍尔斯滕门（Holstentor）和城堡门（Burgtor），都是在 15 世纪建造的，且具有不同的特点。后者的“城门洞”今天还在扮演城市交通的功能。

城堡门

13 世纪开始建造的吕贝克市政厅是一座十分有趣的建筑，从中世纪到文艺复兴经过许多次扩建改建，每一次都将历史痕迹小心地保存下来，使它今天看上去就像是一座建筑历史博物馆。其顶层开有空窗的盾墙装饰十分引人注目。

吕贝克市政厅

圣灵医院

吕贝克圣灵医院建于 1286 年，由一位曾经被吕贝克人收养长大的富商创办，为周边的穷人和病人服务，是北欧最古老的慈善机构之一。

16-6

施特拉尔松德

施特拉尔松德市政厅

施特拉尔松德 (Stralsund) 也是一座在日耳曼民族东扩过程中崛起的波罗的海沿岸城市，于 13 世纪末加入汉莎同盟。1278 年建造的市政厅是北欧红砖建筑的杰出代表。与吕贝克市政厅一样，它也拥有一个“华而不实”的高大外表，用以彰显城市的财富和气派。

施特拉尔松德城中有三座引人瞩目的中世纪教堂，其中位于城西的圣玛利亚教堂建于13世纪末。与常见的双塔立面不同，它的西端只在中央设立一座塔楼。这座塔楼在建成之初高度曾经达到151米。在英国林肯大教堂160米高的钟塔于1549年倒塌之后，它就成为当时世界第一高度，但不久之后在1569年被法国博韦大教堂153米高的钟塔超过。1573年，博韦大教堂钟塔倒塌，圣玛利亚教堂再次成为世界第一。1647年，它的塔尖被闪电击中烧毁，重建之后的高度只剩下104米。

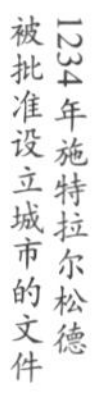

1234年施特拉尔松德被批准设立城市的文件

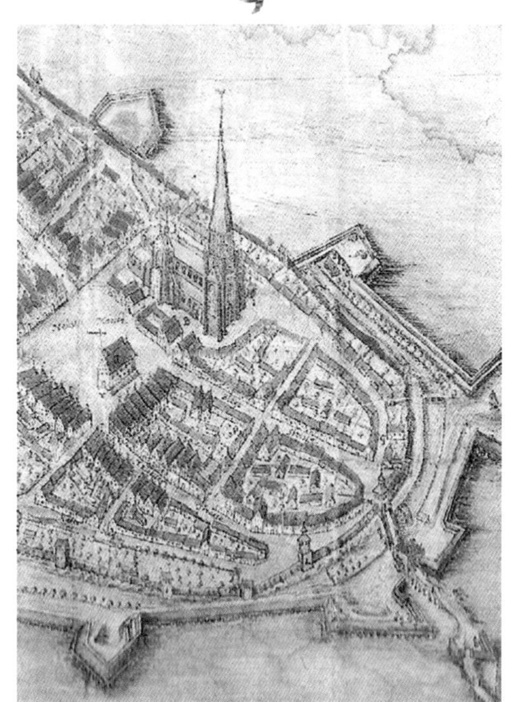

17世纪地图中的圣玛利亚教堂，图中可见其高大的西端中央塔楼

施特拉尔松德远眺，画面最左侧高塔为圣玛利亚教堂，其右前方为圣雅各布教堂，画面右半部分高大建筑为圣尼古拉教堂，其右侧可见市政厅屋顶

16-7 施瓦本格明德的圣十字教堂

施瓦本格明德（Schwäbisch Gmünd）位于德国南方原施瓦本公国（Duchy of Swabia）境内。施瓦本的名称来自于罗马帝国时代曾经居住在这里的苏维汇人。后来阿勒曼尼人迁到这里居住。神圣罗马帝国建立之初，代表阿勒曼尼人的施瓦本公国是这个多民族帝国的主要组成成员之一。1152 年，霍亨斯陶芬家族的腓特烈一世就是以施瓦本公爵的身份当选为德意志国王并进而成为皇帝的。13 世纪中叶，霍亨斯陶芬家族衰落，施瓦本公国遂被肢解而不复存在。

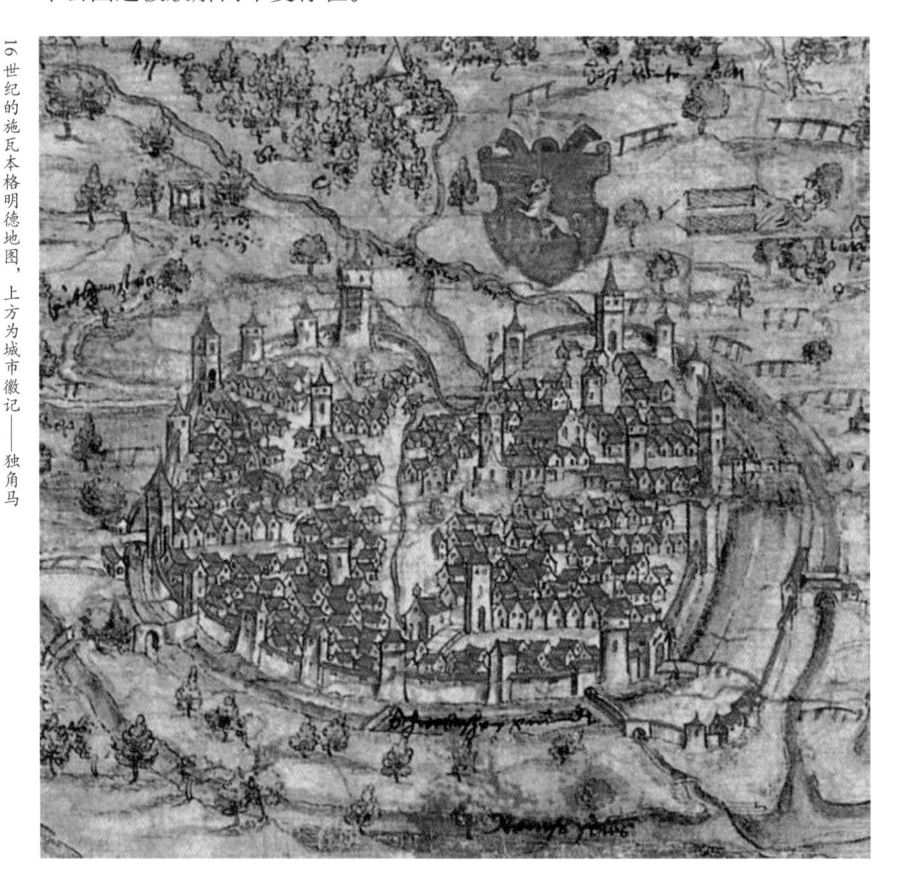

16 世纪的施瓦本格明德地图，上方为城市徽记——独角马

今天的施瓦本格明德仍然保留有许多优秀的历史建筑，包括教堂、民居和市政厅都非常有特点。其中最著名的是圣十字教堂（Holy Cross Minster），它与14世纪神圣罗马帝国最优秀的哥特工匠海因里希·帕勒（Heinrich Parler，1310—1370）及其能干的儿孙们所组成的帕勒家族（Parler Family）的名声紧紧联系在一起。

这座教堂是在1315年左右开工的，1333年海因里希·帕勒加入这项工作。受图卢兹的雅各宾教堂启发，在中厅拱顶设计中，他将侧廊的高度升高到与中厅相同，取消原本区分中厅与侧廊的中厅侧墙（只是仍然保留一道较粗的纵向拱），直接由柱头向四周放射出拱肋，使得整体大厅式的感受得到极大增强，以后成为德国南部哥特教堂的流行做法。中厅拱顶的网格图案则是受到英国装饰风格拱顶设计的影响。

施瓦本格明德圣十字教堂西南侧外观

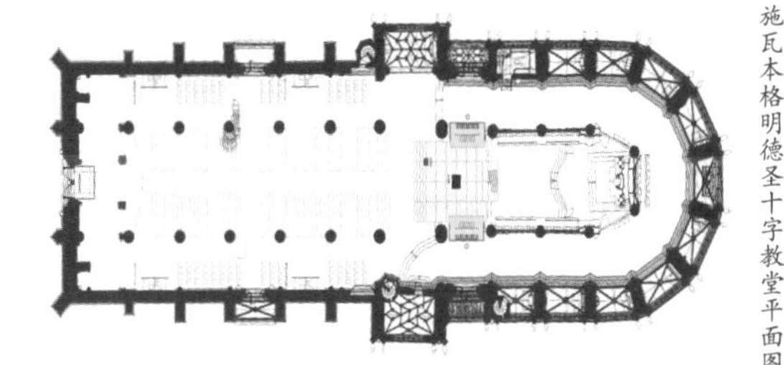

施瓦本格明德圣十字教堂平面图

施瓦本格明德圣十字教堂中厅，向圣坛方向看

施瓦本格明德圣十字教堂歌坛拱顶

1351年，教堂的歌坛开始建造，海因里希·帕勒的儿子彼得·帕勒（Peter Parler，1333—1399）加入他父亲的队伍并实际主持工作。歌坛的结构与中厅相似，拱顶较中厅略高，采用更加细腻工整的三向网格设计。

施瓦本格明德的圣十字教堂于1410年投入使用，然而建造者父子俩都没能看到这一幕。

乌尔姆大教堂中厅，向圣坛方向看

16-8 乌尔姆大教堂

乌尔姆大教堂（Ulm Minster）也位于原施瓦本公国境内。这座大教堂其实并不是一座主教座堂，但是因为它足够大，特别是拥有一个在“哥特世界”里最高的塔楼（161.5 米），所以大家都愿意称呼它为“大教堂”。这座塔楼位于教堂西立面中央，在 16 世纪的时候，它的建筑高度就已经达到 100 米左右，但是由于经费不足而被迫停工，直到 19 世纪哥特复兴风潮兴起后才得以续建，最终在 1890 年建设完成。

乌尔姆大教堂西侧外观（摄影：M. Kraft）

乌尔姆原本的教区教堂位于城外，1366 年，该城 10000 名居民决定集资在城内建造这座新教堂。工程委托海因里希·帕勒进行设计，后来他的儿孙也先后加入并主持这项工程。按照帕勒家族的原设计，这座教堂原本也是要建成中厅与侧廊（*左右各有两道*）等高的大厅式风格，但是由于后来决定要建造一座特别高大的西端塔楼，为与之相协调，中厅的高度被提升到 41.6 米，于是重新成为中厅式教堂，只有侧廊拱顶的设计还保持着帕勒家族的风格。

16–9 布拉格

1355年，波西米亚国王查理四世（Charles Ⅳ，1346—1378年为波西米亚国王，1355年起为皇帝）当选为神圣罗马帝国皇帝。

今天捷克共和国的中部和西部地区历史上被称为“波西米亚”。这个名称的由来可以追溯到古罗马时代。公元前4世纪，高卢人入侵意大利，其中的一个部落波伊人（Boii）占据了意大利北方博洛尼亚一带。后来罗马人发起反击，于公元前2世纪将波伊人逐出意大利。他们翻过阿尔卑斯山，迁徙到多瑙河以北定居，以后这片土地就被称为波西米亚，意思是波伊人的家园。在后来的岁月里，先是日耳曼人而后是斯拉夫人又迁入这片土地生活。公元9世纪末，斯拉夫人建立的波西米亚公国与东法兰克王国结盟，以后又接受了从东法兰克王国传入的罗马天主教信仰。1002年起，波西米亚公国加入神圣罗马帝国，而后在1198年升格为波西米亚王国，

16世纪末的布拉格。下图右侧为布拉格城堡，城堡下方为布拉格小城，河对岸为布拉格老城。上图为布拉格城堡，当时大教堂仅建成歌坛和钟塔

成为神圣罗马帝国四大王国组成之一。由于其他三个王国（德意志、勃艮第和意大利）到这个时候只剩下一个空名，所以波西米亚王国就成为神圣罗马帝国组成中唯一具有实质意义的王国，并且在查理四世时代正式成为七大选帝侯之一。

查理四世的父亲约翰（John，1310—1346 年在位）[1]是日耳曼人，母亲是波西米亚古老王族，他则更倾向于把自己看成是波西米亚人。他热爱这片土地，将布拉格（Prague）作为首都，创办布拉格大学，这是除意大利之外神圣罗马帝国境内开办的第一所大学。他扩建布拉格城区，鼓励贸易，使布拉格一跃成为当时中欧最美丽、最富庶的城市。

1344 年，布拉格主教升格为大主教。为表示纪念，约翰国王下令重建位于布拉格城堡内的圣维特大教堂（St. Vitus Cathedral）。工程最初是按照法国的样式进行施工的。1352 年，因为对其在施瓦本格明德圣十字教堂中的出色表现留下深刻印象，查理四世将年仅 23 岁的彼得·帕勒召来主持教堂建设。他在已经大体成型的歌坛结构框架基础上按照自己已经形成的风格进行改进。拱顶被处理成交叉网格。高窗下的楼廊被处理成折线形，两侧还各加了一个小窗

圣维特大教堂歌坛，由西向东看

[1] 约翰在 1336 年的时候因眼睛发炎而双目失明。在英法百年战争中，他与法国结盟。1346 年，他作为法国王太子的岳父参加了百年战争的第一场大战克雷西会战。他将自己坐骑的缰绳与部下的坐骑绑在一起，由部下引领冲进战场，英勇战死。

圣维特大教堂歌坛侧高窗局部

圣维特大教堂“金门”，中央拱门内有一个透空的扇形肋骨拱（摄影：E. Meier）

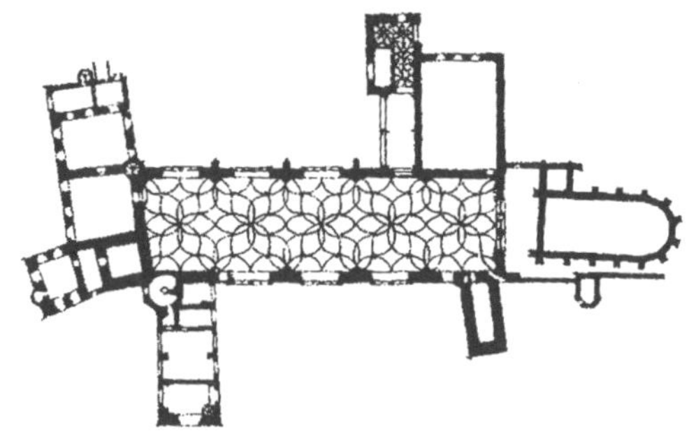
弗拉季斯拉夫大厅平面图

子，这样就使得教堂的墙面呈现出生动的波状形态。

彼得·帕勒是帕勒家族最出色的成员。他首先是一位出色的雕塑家，在处理建筑空间和细节的时候，更多的是从雕塑家的视角出发，更看重建筑所呈现出来的外观感受，而不是一般建筑师所强调的结构逻辑。在这个方面，他跟150年后的米开朗基罗有非常相似的地方。

彼得·帕勒去世后，他的两个儿子继续他的工作。位于教堂南侧的塔楼以及南横厅大门（因其立面作有金色马赛克镶嵌画而被称为“金门”Golden Gate）也是他们创作的。

歌坛、横厅和塔楼在16世纪建成后，圣维特大教堂的建设就暂停下来，中厅和西端立面直到19世纪才得以完成。

在大教堂广场南侧有一座用于马术表演的弗拉季斯拉夫大厅（Vladislav

Hall），跨度达 16 米。它的建造者是本尼迪克特 · 里德（Benedikt Rejt，1450—1536），他是哥特晚期最杰出的工匠。这座大厅的拱肋犹如柔性的绳索一般在空中扭转交织，创造出迷幻般的空间视觉效果。

弗拉季斯拉夫大厅内景

在城堡山的山脚下是 13 世纪开始形成的布拉格小城，相隔伏尔塔瓦河（Vltava）对岸的是于公元 9 世纪开始形成的布拉格老城。查理四世时代对老城进行扩建，在老城城墙外又形成新城。这四座原本各自独立的城区在 18 世纪正式合并成为一座城市。连接老城与小城的查理大桥（Charles Bridge）也是由彼得 · 帕勒设计建造。

圣维特大教堂中的彼得 · 帕勒像，可能是他自己创作的

查理大桥，左侧为通向老城的桥头堡，也是由彼得 · 帕勒设计

16-10

安娜贝格的圣安妮教堂

圣安妮教堂平面图

位于德国与捷克边境的安娜贝格（Annaberg）圣安妮教堂（St. Anne's Church）也是由本尼迪克特·里德设计。在这座开敞通透的大厅式教堂的拱顶设计中，他再次展现了高超的艺术造型和结构设计技巧，将哥特肋骨拱的装饰特征表现得酣畅淋漓。看上去，整个拱顶就好像是在空中绽放的一朵朵礼花，美得无与伦比。

圣安妮教堂中厅，向圣坛方向看

圣安妮教堂拱顶

16-11 慕尼黑

巴伐利亚（Bavaria）是德国面积最大的联邦州，其面积占到德国总面积的五分之一，与其历史地位十分相称。巴伐利亚的名称由来与波西米亚一样都可以追溯到罗马帝国时代生活在这一带的波伊人。在后来的岁月里，哥特人、伦巴第人、阿勒曼尼人、法兰克人等许多民族都曾经来到这里生活，他们混居在一起，最终形成所谓“巴伐利亚人”（Bavarians）。法兰克王国兴起后，巴伐利亚先是成为其附庸，而后在查理大帝时代被并吞。在查理大帝的孙子们三分帝国的时候，巴伐利亚被划到东法兰克王国，以后成为德意志王国四大部落公国（Stem Duchy）之一，其地位十分重要。在其他几大部落公国先后被肢解而不复存在或者名不副实之后，巴伐利亚公国却能够一直保持相对完整。在查理四世颁布“金玺诏书”确立帝国七人选侯国的时候，巴伐利亚公爵因为与莱茵—普法尔茨伯爵同属维特尔斯巴赫家族（House of Wittelsbach），而被有所忌惮的皇帝剥夺选帝侯资格，直到 17 世纪才终于得以跻身选帝侯之列。

作为当今巴伐利亚州的首府，慕尼黑（Munich）的历史却没有那么古老。在中世纪早期，慕尼黑只是一个处在盐路旁的修道院，它也由此得名。12 世纪时，时任巴伐利亚公爵“狮子”亨利（Henry the Lion，1129—1195）在附近的伊萨尔河（Isar，多瑙河的支流）上架设了一座收费桥梁以取代原有的摆渡方式。得益于这座桥梁的建造，慕尼黑开始作为一座城市发展

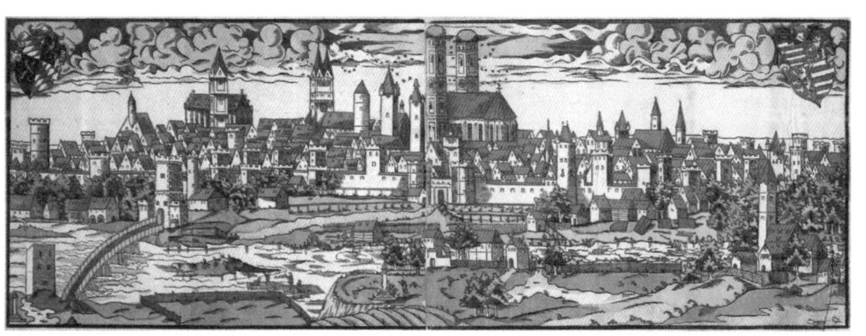

1572 年的慕尼黑

起来，地位迅速上升。1253年，巴伐利亚公国被维特尔斯巴赫家族的子孙们分割成两个部分，慕尼黑成为上巴伐利亚的首府。1506年，巴伐利亚获得统一，慕尼黑成为全巴伐利亚的首府。在后来的历史中，慕尼黑成为德国南方的经济、文化和艺术中心，并多次在政治上扮演重要的角色。

画着修道士形象的慕尼黑盾形纹章

圣母大教堂中厅，向圣坛方向看（摄影：S. Collis）

慕尼黑最有名的中世纪建筑是圣母大教堂（Frauenkirche），建于1468—1488年，是德国大厅式哥特建筑的晚期佳作，大厅和侧廊高度都是31米。教堂西端双塔高99米，原本计划要做成哥特式的尖顶，但由于资金缺乏，只好半途结束。这个高度后来被市政府确定为慕尼黑老城的限高标准，两座塔楼因此成为登高远眺的绝佳位置。

圣母大教堂东南侧外观（摄影：D. Iliff）

16-12

维也纳圣司提反大教堂

奥地利（Austria）在中世纪早期曾经隶属于巴伐利亚，后来在1156年升格成为公国。1282年，哈布斯堡家族（House of Habsburg）成为奥地利公爵。这个家族最早发端于瑞士北部小镇哈布斯堡。1273年，哈布斯堡家族的鲁道夫一世（Rudolf I，1273—1291年在位）当选为神圣罗马帝国皇帝。鲁道夫一世打败了不肯顺从的波西米亚国王，从他手中夺得了奥地利公爵的头衔，然后将其交给自己的儿子。从此以后，哈布斯堡家族就控制了奥地利，并一直统治奥地利直到第一次世界大战结束。鲁道夫一世的儿子后来也登上神圣罗马帝国皇帝宝座。1438年，哈布斯堡家族第三次当选皇帝，而后设法长期垄断神圣罗马帝国皇位，一直到1806年神圣罗马帝国宣告终结为止。

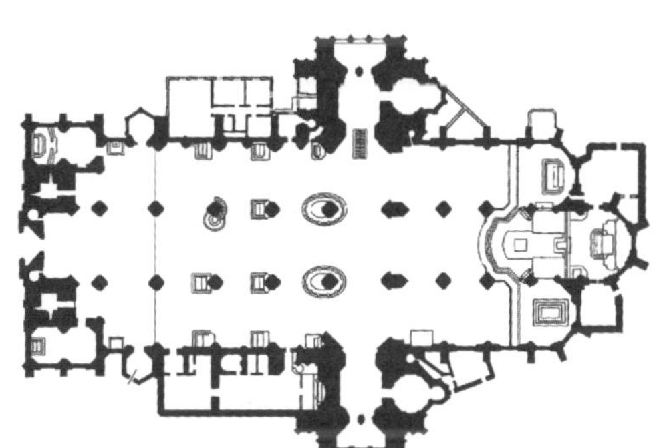
圣司提反大教堂平面图

从奥地利公国成立时起，维也纳（Vienna）就一直是奥地利的首府。这座城市的历史可以追溯到公元1世纪罗马军团建立的军营。1137年，第一座圣司提反

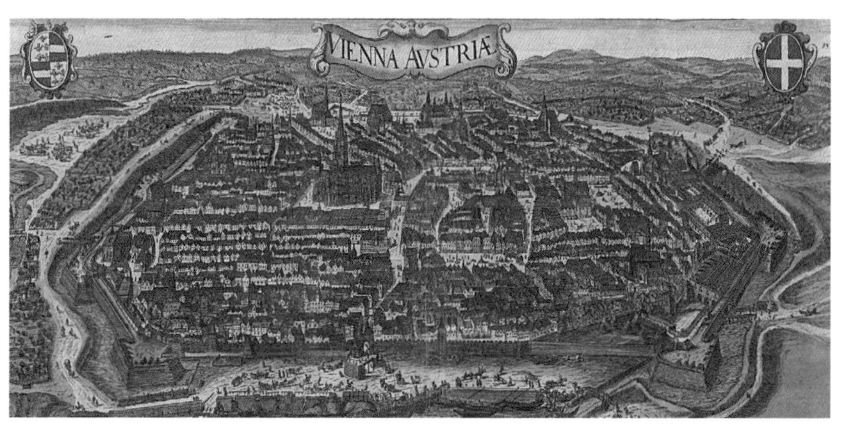

1640年的维也纳

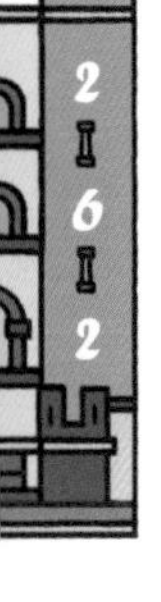

圣司提反大教堂西南侧外观（摄影：Bwag）

圣司提反大教堂中厅，向圣坛方向看

教堂在维也纳市中心开始建造起来，当时它还没有冠上大教堂的名号，因为直到1469年，维也纳才获得批准成为独立的主教区。1304年，教堂采用哥特风格进行重建，只有西端立面仍然保留罗马风时代原物。

从外观上看，圣司提反教堂有两个最醒目的特征，其中之一是建造在南横厅的火焰式风格塔楼，建成于1433年，高度达到136米。原本计划按照同样方式建造北横厅塔楼，但工程在1511年停止，这个时期哥特风格已经退潮，以后再未建造。另一个醒目特征是中厅上方高耸而华丽的木质大屋顶，它的自身高度（38米）甚至大大超过中厅本身的高度（28米），让这座已经僭用了大教堂规格的普通教区教堂拥有了更加宏大的排场。

教堂内部也是德国特有的哥特晚期大厅式网状肋骨拱设计。

16-13 伯尔尼

公元前 15 年，罗马军团征服了阿尔卑斯山北麓，将今日瑞士（Swiss Confederation）并入罗马版图。公元 4 世纪罗马帝国衰落以后，阿勒曼尼人和勃艮第人侵入这里，分别占据了瑞士的东、西部地区。法兰克人崛起后，瑞士被法兰克王国吞并。公元 843 年三分帝国时，瑞士被中法兰克和东法兰克瓜分，以后在 10 世纪末全部都被并入神圣罗马帝国。1291 年，瑞士中部的三个城市签订联盟条约，由此形成日后瑞士联邦的雏形。1353 年，包括伯尔尼（Bern）在内的多个城市加入这一同盟。他们联起手来，在同神圣罗马帝国和发源于瑞士的哈布斯堡家族的斗争中逐步争取到自治的权力，“形同独立”。

瑞士联邦谱系，从下至上按照加入先后排序（作于 1912 年）

瑞士联邦是采用直接民主制的国家，没有设立法定首都，但是作为联邦政府所在地，从 19 世纪起，伯尔尼就一直扮演瑞士事实上的首都这一角色。这座城市的名称据说是来源于城市创建者柴林根公爵贝特霍尔德五世（Berthold V，1160—1218），他以他在当地遇到的第一个猎物——狗熊——命名该城。贝特霍尔德五世去世后，因为没有留下继承人，这座城市由此成为神圣罗马帝国的自由市。

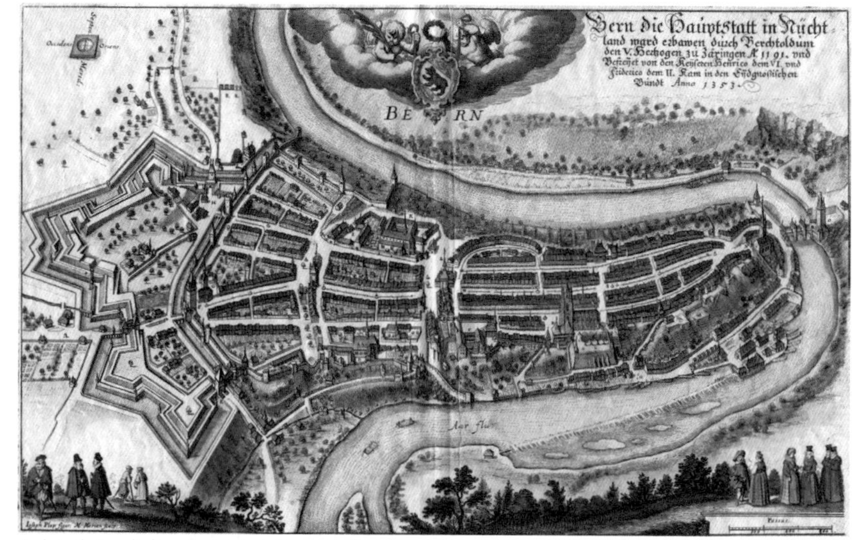

伯尔尼地图，老城下方可见大教堂，当时塔顶尚未建成。画面中央偏左可以看到两条垂直于城市主轴的街道，这是伯尔尼13世纪和17世纪先后建造的城墙位置（M. Merian 作于1638年）

伯尔尼街道上的喷泉雕塑，背景为钟楼

这座城市的形状十分别致，它建造在莱茵河的支流阿勒河（Aare）的一个U形大转弯处，三面环水。城市中有三条纵向道路，它们在城市东部汇聚在一起，然后通过一座15世纪建造的桥梁到达对岸。在中央的这条大街上，道路中央每隔100~150米就建有一座公共喷泉，上面立有柱头雕像，大部分是由雕塑家汉斯·吉恩（Hans Gieng）在16世纪的时候创作的，主题多是与熊有关的寓言故事。大道的西端有两座塔楼。其中更靠近老城区的是钟楼，建于

伯尔尼大教堂中厅，向西端入口方向看

13 世纪初，是伯尔尼建造第一道城墙时的西门，其上安装有一架 16 世纪制作的天文钟。从钟楼向西 300 米，是城市 17 世纪扩建后的西门，后来被当作监狱使用。

位于城南的大教堂（Bern Minster）建于 1421 年，采用中厅式设计，中厅高 20.7 米，拱顶也是网状肋骨造型。大教堂西端只在中央建有一座塔楼，塔顶部分直到 1893 年才建造完成，高 100 米。

1902 年，23 岁的爱因斯坦被伯尔尼专利局聘用。他在这里工作了 7 年，写就了有关相对论的系列论文。

伯尔尼街景

16-14

安特卫普圣母大教堂

比利时的安特卫普（Antwerp）自古以来就是低地地区最重要的城市之一。所谓低地地区，是指今天的荷兰、比利时、卢森堡这三个国家以及法国北部和德国西部的部分地区，由于大部分区域地势低平，许多地方甚至低于海平面，故历史上称之为“尼德兰”（Netherlands）[1]，意思就是“低地”。在法兰克王国建立的时代，低地地区曾是法兰克人的核心领地。公元9世纪三分查理帝国时，低地地区的大部分区域先是作为中法兰克王国一部分，而后被并入神圣罗马帝国。

[1] 1581年荷兰独立之后，“Netherlands”成为荷兰的正式国名用词，但是在非正式场合，外人一般习惯用该国的一个主要地区“荷兰”（Holland）来作为整个国家的称呼。

从北向南远眺安特卫普圣母大教堂

作为低地地区规模最大的哥特式教堂，安特卫普圣母大教堂（Cathedral of Our Lady，该教堂直到1559年才成为主教座教堂）重建于1352年，1521年工程停止时，西立面的南塔尚未建成，已建成的北塔则有123米高，是低地地区最高的塔楼。

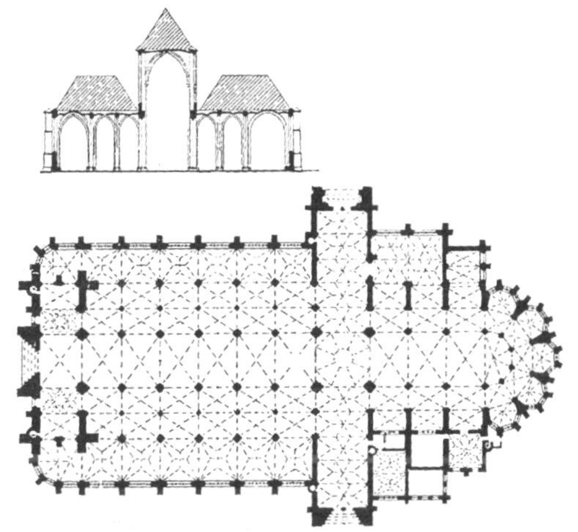

安特卫普圣母大教堂中厅横剖面图和平面图

这座教堂的平面比较特别，看上去中厅两侧似乎是各有三道侧廊，而且最外道侧廊宽度要比内侧两道更大一些，这样的规模和布局都是少见的。它的最外道侧廊是后来扩建的，实际上是起小礼拜堂的作用，但是相互间没有用墙分隔开。

安特卫普圣母大教堂侧廊内景

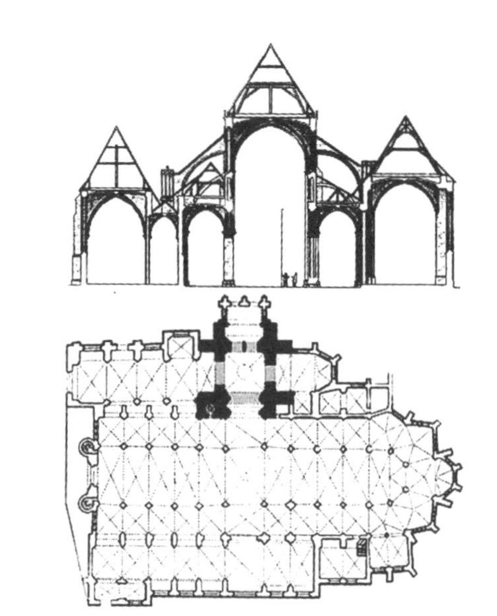

布鲁日圣母教堂横剖面图

布鲁日圣母教堂平面图

布鲁日

布鲁日（Bruges）圣母教堂（Church of Our Lady）具有与安特卫普圣母大教堂相似的特点。它原本是一座 13 世纪初建造的三廊身巴西利卡式，后来在 14 世纪和 15 世纪的时候，又先后在它的北、南两侧各扩建出一道更高更大的侧廊空间，并且各自拥有独立的屋顶。从空中看去，这座教堂就好像是一艘由飞扶壁相连接的三体快船，在“哥特世界”中独树一帜。

在布鲁日，可以与这座教堂及其 115.6 米高的钟楼一比高下的是当地的市场大厅。它的钟楼高 83 米，原本其上还建有尖塔，算上的话，高度则与这座教堂不相上下了。

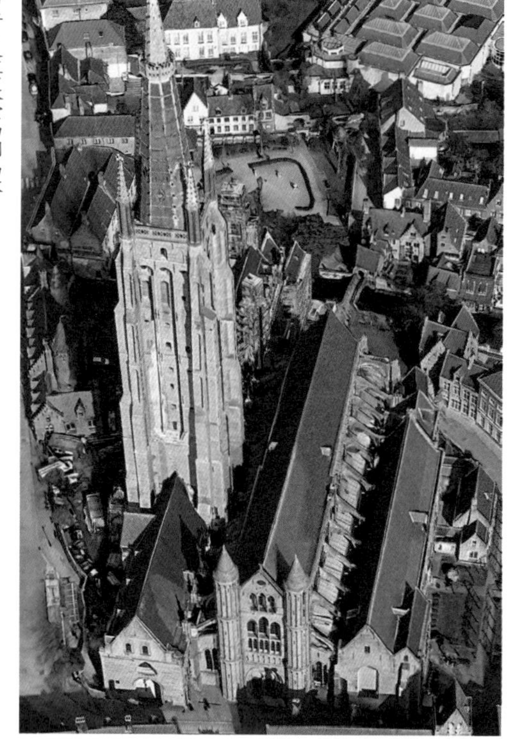

布鲁日圣母教堂西侧鸟瞰

低地地区是莱茵河的入海处，三角洲河网密布交错纵横，形成了许多优良港口。这一地区的工商业在中世纪时发展很快，成立了众多门类的商业行会组织。许多城市从贵族和教会手中摆脱出来，成为自治的行政区。具有椭圆形平面的布鲁日就是低地地区中世纪发展最快的城市之一，1309 年欧洲第一家证券交易所就在这里开办。新兴的资产阶级们不甘示弱，把大量财富投入到行会会所和市政厅的建设中去，要与贵族和教会一比高低。这座钟楼就是这种精神的展现，它就像是一座商业大教堂，以“一柱擎天”的气势宣告资本主义新时代即将到来。

布鲁日钟楼远眺

布鲁塞尔

布鲁塞尔（Brussels）是一座在公元 10 世纪的时候才建造起来的“新城”，而后在中世纪迅速崛起。布鲁塞尔城市中最引人瞩目的中世纪建筑当属圣米歇尔及圣古都勒大教堂（Cathedral of St. Michael and St. Gudula）和市政厅（Town Hall）。

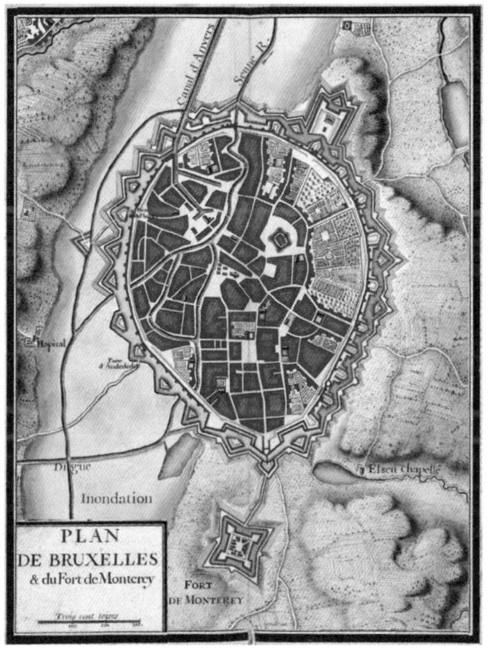

1700 年的布鲁塞尔规划图

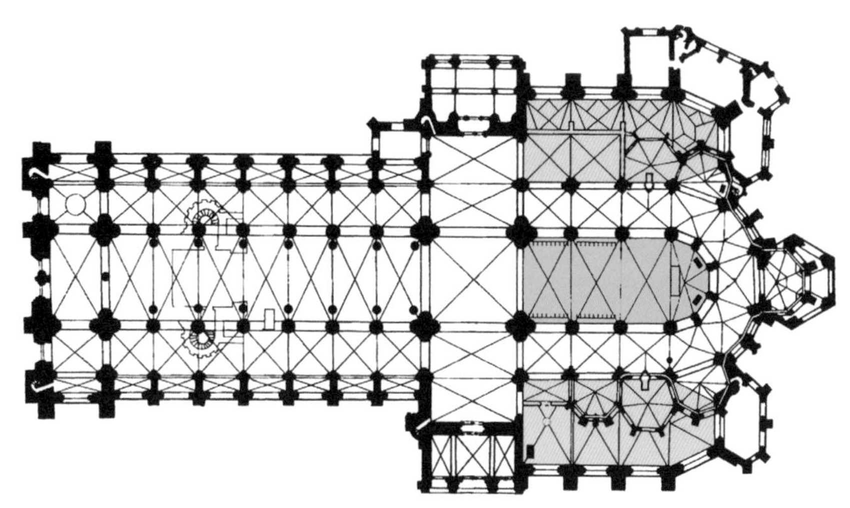
布鲁塞尔大教堂平面图，绿色为歌坛，黄色为新小礼拜堂

布鲁塞尔大教堂东侧鸟瞰

这座大教堂是在13世纪的时候按照哥特风格重建的。它在建筑表现方面最有趣的地方要算是歌坛两侧的礼拜堂扩建了。先是在16世纪的时候将歌坛外的回廊北面几间小礼拜室拆掉，然后倚着歌坛回廊修建了一座火焰式风格的奇迹圣礼拜堂（Chapel of the Blessed Sacrament of the Miracle）。然后在17世纪又用同样的方式将南面的小礼拜室拆掉，增建了一座具有晚期德国哥特风格的拯救圣母礼拜堂（Chapel of Our Lady of Deliverance）。两座新礼拜堂的大小体量与原来的歌坛

几乎一模一样，各自有独立的屋顶，只是新的礼拜堂外墙没有再做飞扶壁，而原歌坛的飞扶壁看上去仿佛成了三者的连接件。这是非常有趣的改造方式，充分体现了中世纪工匠们的灵活性和创造性。

布鲁塞尔市政厅

布鲁塞尔市政厅始建于1402年，最初只是建造了钟楼（高96米）和左翼，而后在1444年又增建了右翼。两者不完全对称，甚至钟楼下的大门也是偏向左侧，略显怪异。这是中世纪建筑的特点，因为它们往往是在一个较长时间逐渐完成的，难免前后思路脱节，与当代建筑的整齐划一完全不同。

布鲁塞尔大广场

17世纪末，法国军队入侵这里。战火中，市政厅遭到部分破坏，而其所在的大广场（Grand Place）上的其他建筑则几乎被摧毁殆尽，战后按照巴洛克风格予以重建，仅有市政厅成为中世纪的回忆。

16-17 鲁汶市政厅

建于 1448 年的鲁汶（Leuven）市政厅堪称是最华丽的哥特市政厅，外观充满了令人眼花缭乱的尖塔、卷叶和雕像，是火焰风格的经典佳作。

鲁汶市政厅（摄影：F. Smout）

第十七章 意大利哥特建筑

〖发明这种恶劣的哥特建筑的人该死！只有野蛮民族才会把它带到意大利。〗

17-1 米兰大教堂

1385年，吉安·加莱亚佐·维斯孔蒂（Gian Galeazzo Visconti，1395年起为米兰公爵）成为米兰统治者。他雄心勃勃要想一统意大利。在不断发兵攻打周边城邦的同时，他于1386年下令重建米兰大教堂（Milan Cathedral），要使它成为当时基督教世界最大的教堂，以此来彰显自己的权势和荣耀。

米兰大教堂内景（作者：L. Bisi）

米兰大教堂中厅，向圣坛方向看

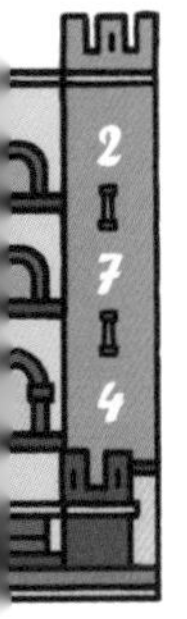

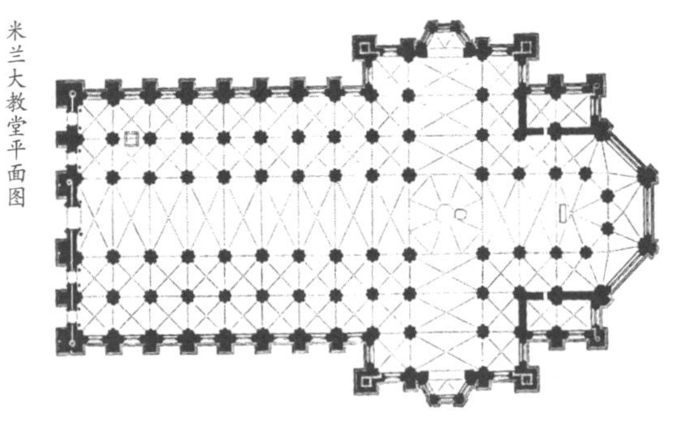

米兰大教堂平面图

这座建筑是意大利少有的完全采用法国人发明的哥特风格建造的教堂。它的规模非常大，在欧洲仅次于稍晚建造的塞维利亚大教堂以及文艺复兴时期重建的罗马圣彼得大教堂。从空间布局来看，它是属于大厅式教堂的类型，总长 158.5 米，最宽处 92 米。中厅两侧各有两个侧廊，内部总宽达 57.6 米，其中中厅宽 16.7 米。中厅的高度也非常惊人，达到 45 米，仅略小于从未完全建成的法国博韦大教堂。而内侧侧廊的高度也达到 37.5 米，比巴黎圣母院的中厅还要高 3.5 米，气势蔚为宏伟壮观。

米兰大教堂侧廊

同许多著名的大教堂一样，米兰大教堂的建设也持续了很长的时间，尤其是外立面，直到 19 世纪才最终完成，糅合了哥特与巴洛克两种风格。不设塔楼的山墙式外形是意大利中世纪教堂的基本特征。

米兰大教堂西侧外观（摄影：J. Wang）

17-2 阿西西的圣方济各教堂

不过，除了米兰大教堂等少数例子外，哥特时代的意大利对于来自法国的这种风格始终持有保留，并没有全心投入哥特风格的大潮之中。意大利建筑家菲拉雷特（Filarete，1400—1469）就 曾经说过这样的话：“发明这种恶劣的哥特建筑的人该死！只有野蛮民族才会把它带到意大利。”[32] 在这样一种心理作用下，大多数的意大利哥特建筑只是借用哥特时代的某些流行符号，而在骨子里，仍然是意大利“自身的特点”。描述这种类型的哥特建筑或许需要在前面加一个定语，称之为“意大利式的”哥特建筑更为合适。

阿西西圣方济各教堂远眺（摄影：R. Ferrari）

作于1228年的方济各像，是现存年代最早的方济各画像

1228年为纪念出生于当地的基督教传教士方济各（Saint Francis，1182—1226）被罗马教皇封为圣徒而建造的阿西西（Assisi）圣方济各教堂（Basilica of Saint Francis）是意大利最早的具有哥特特点的建筑，也是一座典型的“意大利式的”哥特教堂。

方济各是西欧中世纪最有名的基督教修道士之一。在漫长的中世纪里，基督教之所以能够在各种怀疑和打击下屹立不倒，一代又一代虔诚清修的修道士们所起到的榜样作用功不可没。但是随着教会财富的累积，许多教士背弃了自己的誓言，屈从于私欲之下而腐化堕落，基督教力量开始从其在12世纪达到的巅峰滑落，基督徒对宗教的热忱降低了，皈依正统信仰的人日渐减少，而主张抨击罗马教会的所谓“异端思想”再度抬头。12世纪下半叶，以清洁派为代表的“异端思想”开始在意大利、法国和德国的许多地区广为流传，罗马教会又一次面临严峻挑战。为扭转局面，罗马教皇英诺森三世一方面悍然发动针对基督教异端派别的十字军征讨，并建立起日后臭名昭著的异端裁判所，以武力从肉体上消灭异端势力；另一方面，他大力扶持新近诞生的一些既具有崇高理想又仍然效忠于罗马教会的宗教团体，力图以圣人形象从精神上夺回失去的领地。由方济各建立的方济各会（Franciscan Order）就是一个这样的团体。

方济各出生于阿西西的富商之家，早年如一般富家子弟一样过着富足的生活。1207 年，25 岁的方济各在一次祈祷中忽然感受到基督的召唤，指引他“去修缮我的房屋，它已经完全破损了。”[33] 151 方济各起初以为基督只是希望他动手去修补破损的教堂，但不久之后就领悟到基督希望他去修补的是“腐朽”的教会本身。于是他下定决心抛弃一切财产，然后像耶稣基督当年那样“麻衣赤足”行走天下，不仅用言语而且用行动去传扬福音，给百姓带去希望，使百姓安于工作、安于生活。他的感召力是如此之大，几乎重建了西欧的基督教理想信念，以致被教会和千百万信徒称颂为“第二基督”。[33] 149 1226 年 10 月 3 日方济各去世，其时他的追随者约有 5000 人。半个世

教皇梦见方济各扶起即将倾倒的教堂（乔托作于阿西西圣方济各教堂）

方济各与贫穷女神结婚（乔托作于阿西西圣方济各教堂）

纪后，参加方济各会的信徒人数已经达到 20 万人。这么多的修士们并不是像先前的修道者一般只是注重自身修炼，而是像基督和圣方济各一样入世传教，让基督教热情在整个 13 世纪继续燃烧。

方济各生前是反对修建华丽教堂的，他的梦想是建立一个没有永久性财产的平等社会。但是这种梦想与罗马天主教会的现状相差甚远。罗马教会一方面利用方济各对民众信教情绪复苏的感召力，另一方面却要坚决扑灭他的财产共有思想。在教会的鼓励下，方济各的追随者动用大笔资金在各地修建以纪念方济各为名的教堂，包括这座阿西西的圣方济各教堂，“使方济各的真正理想被扭曲并最终化为乌有”。

阿西西圣方济各教堂上层内部，向圣坛方向看

这座阿西西的圣方济各教堂是一座单厅式教堂，圣坛朝西，立面以及偏于中厅一侧的钟楼设计都是典型的意大利风格。内部分为上下两层，上层为朝圣所用，没有侧廊，空间比例较为宽敞。虽然身处在法国盛期哥特风潮之中，但是这座建筑除了在拱顶上采用了四分肋骨尖拱这样的哥特语言之外，仍然保持了许多意大利罗马风时代的特点，采用正方形开间，墙壁面积很大，墙上只开着狭长的窗子——这或许可以归因于当地炎热的气候，墙身上则绘满表现方济各生平的壁画，显示出与法国哥特装饰迥异的格调。

阿西西圣方济各教堂上层平面图

阿西西圣方济各教堂东侧外观

17-3 罗马的密涅瓦神庙上的圣玛利亚教堂

密涅瓦神庙上的圣玛利亚教堂（Santa Maria sopra Minerva）是罗马仅存的仍然保持哥特时代特征的教堂，因其建造在古罗马时代神庙遗址上而得

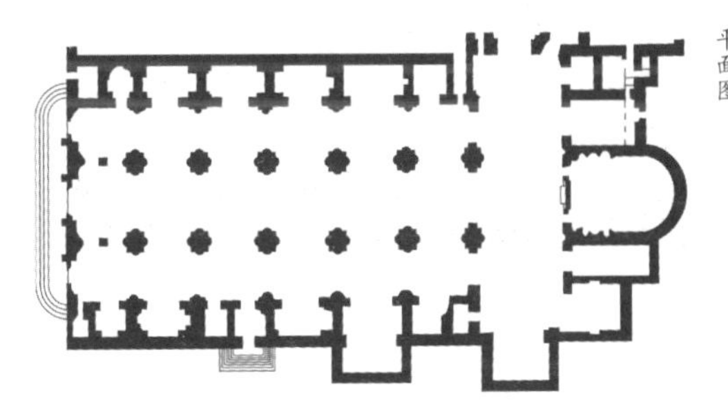

密涅瓦神庙上的圣玛利亚教堂平面图

名[一]，建于1280年。其内部也是典型的意大利式哥特风格。教堂的外立面是在16世纪建造的。

密涅瓦神庙上的圣玛利亚教堂中厅，向圣坛方向看

这座教堂建成之后就成为西班牙人多明我创办的多明我会（Dominican Order）的总部所在地。前面介绍过多明我在图卢兹的传教活动。在此期间，多明我于1215年在图卢兹创立多明我会，随后得到教皇承认，致力于天主教传教和教育活动，与方济各会同为13世纪以后最有影响力的基督教传教团体。

多明我会徽章

1628年，这座教堂又成为罗马宗教裁判所的法庭所在地。1633年，伽利略就是在这座教堂内接受罗马教会组织的审判，被迫放弃日心说。

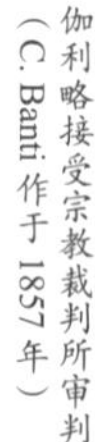

伽利略接受宗教裁判所审判（C. Banti 作于1857年）

[一] 这座古罗马神庙实际上供奉的是埃及神话中的伊西斯神（Isis），但最初被误以为是罗马的密涅瓦神，并因此得名，以后未予以更正。

17-4

佛罗伦萨的新圣母玛利亚教堂

1246年开工的佛罗伦萨新圣母玛利亚教堂（Basilica of Santa Maria Novella）也是一座多明我会哥特式建筑。它的正面入口采用较为少见的南向设计。中厅柱廊的上方是面积很大的墙面，墙上只开着很小的采光窗。它的中厅开间也是正方形，四分肋骨拱虽然采用了尖拱，但是拱顶中央仍然向上隆起，显然无视50年前就已经发展成熟的法国哥特拱顶技术。

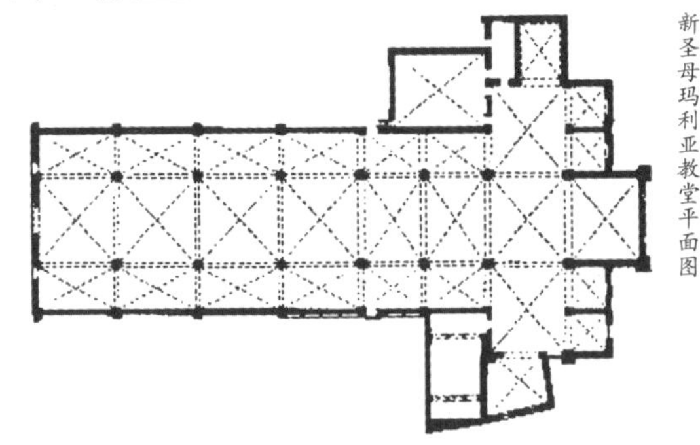

新圣母玛利亚教堂平面图

新圣母玛利亚教堂中厅，向圣坛方向看

17-5

佛罗伦萨的圣十字教堂

位于佛罗伦萨老城东门外的圣十字教堂（Basilica of Santa Croce）建于1294年，由建筑家A.迪·坎比奥（A. di Cambio，1232—1302）设计，属于方

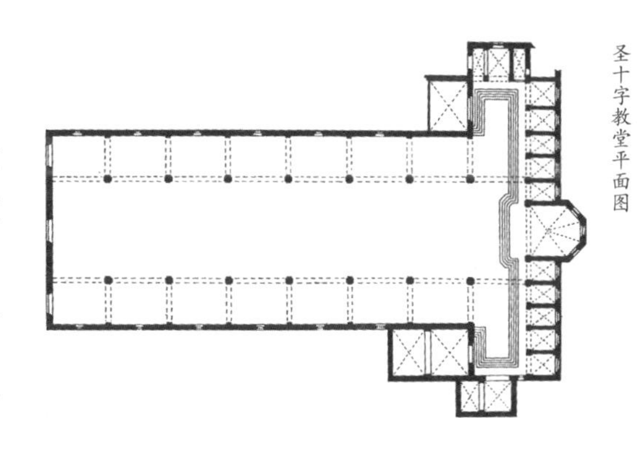

圣十字教堂平面图

圣十字教堂中厅，向圣坛方向看

圣十字教堂内的米开朗基罗墓

济各会。它的内部中厅十分宽大，约有20米，顶部仍然采用传统木桁架，梁底高约30米。

圣十字教堂是佛罗伦萨的万神庙，包括大艺术家米开朗基罗（Michelangelo，1475—1564）、建筑家阿尔伯蒂（Alberti，1404—1472）、政治家马基雅维利（Machiavelli，1469—1527）、科学家伽利略（Galileo，1564—1642）等在内的270位佛罗伦萨著名居民安葬于此。

1530年，佛罗伦萨遭遇神圣罗马帝国军队入侵。正当敌人大兵压境城市危在旦夕之时，佛罗伦萨人却毫无惧色地在城墙外的圣十字教堂前广场举行足球比赛，向入侵者展现佛罗伦萨人绝不屈服的意志和斗志。从那以后，这项被称为“历史足球”（Calcio Fiorentino）的比赛就一直延续下来。每年6月，市民们都会从乡间运来沙土，铺在广场上，然后在此比赛狂欢。比赛双方各出27名队员，只要不踢脑袋，可以手脚并用使出各种手段，把球送入对方球门就好。这是一项真正考验力量和勇气的比赛。

在圣十字教堂前广场举行的「历史足球」比赛，教堂立面完成于19世纪

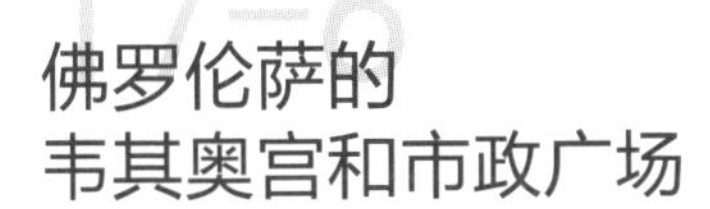

17-6 佛罗伦萨的韦其奥宫和市政广场

1299年，佛罗伦萨人决定建造一座新的宫殿建筑作为市政厅使用。因为后来在16世纪时佛罗伦萨统治者又建造了一座新的宫

韦其奥宫（摄影：M. Gertkemper）

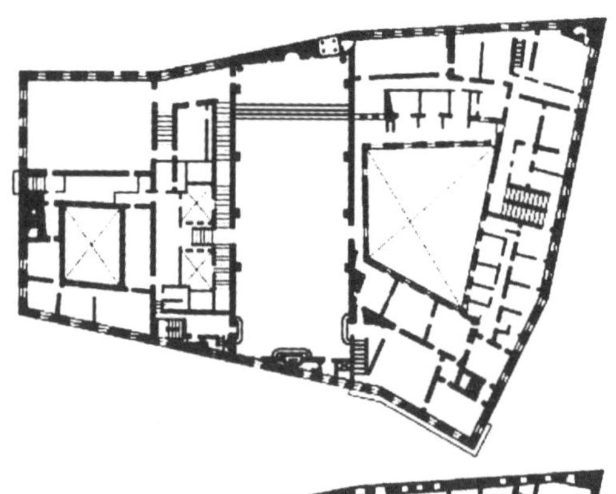

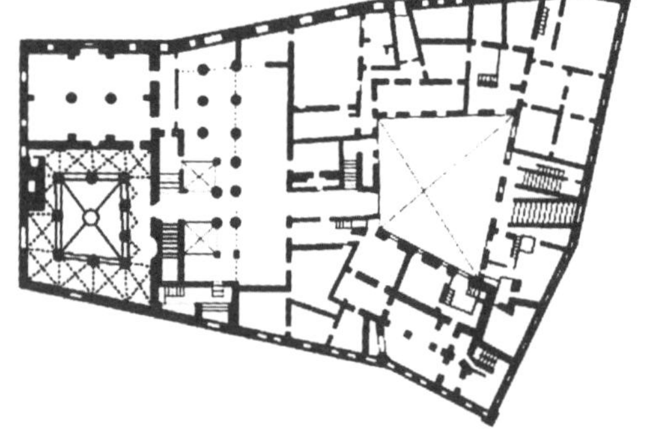

韦其奥宫一层（下）和二层（上）平面图

殿，于是人们就把这座13世纪建造的建筑称为老市政厅（Palazzo Vecchio），一般将其音译为“韦其奥宫”。这座建筑也是由迪·坎比奥负责建造，与北欧市政厅奢华的“火焰风格”相比，这座建筑的外表显得非常朴素，就像一座城堡一样，展现佛罗伦萨人抵御外敌入侵的决心。其上的钟塔高94米。

韦其奥宫的平面布局顺应周围街道形状，设计得十分灵活得体。位于二层的五百人大厅（Cinquecento）建于1494年，作为城市500人议会的议事机构，以后成为佛罗伦萨公爵的宫廷大厅。在其建成后的1503年，两位佛罗伦萨出生的艺术巨匠列奥纳多·达·芬奇（Leonardo da Vinci，1452—1519）和米开朗基罗曾经在这里进行过一场有名的绘画比赛，可惜双方都未能完成他们的作品。

韦其奥宫五百人大厅

韦其奥宫旁边是建于1373年的用于市民避雨的

佣兵敞廊

“佣兵敞廊”（Loggia dei Lanzi，得名于16世纪驻扎于此的德国雇佣兵），兼做为佛罗伦萨的雕塑陈列馆。

韦其奥宫所处的市政广场（Signoria）被卡米诺·西特赞美为是“世界上最值得重视的广场”。他说：“城市建设艺术的每一种手法都在这里有所体现：广场的形状和尺度；道路开口的方式；喷泉和纪念物的坐落。所有这些都值得深入研究。”[34] 5

第一个特点是广场群的设计格局。这座广场由建筑四面围合，大致呈现L形，由阿曼纳蒂（Ammanati，1511—1592）创作的《海神喷泉》和章博洛尼亚（Giambologna，1529—1608）创作的《科西莫一世骑马像》将其分隔成大小不同的两部分。这种由两个以上的广场所组成的广场群来替代单一大型广场的做法在中世纪的意大利屡见不鲜，既能够在特定的节庆时间满足大型集会的需求，又能够在绝大多数的其他时间，使广场能够保持一个令人感到舒适的尺度，而不显空旷。这是一种行之有效的好方法，我们前面在摩德纳大教堂广场群中已经看到了。

佛罗伦萨市政广场

第二个特点是广场的形状。这座广场由于是在一段时间内逐渐形成的，所以它的几乎每一个边角都不是标准的直角，在任何方向都不存在明确的对称轴。一般来说，规则和对称是美的重要因素，人们常常会不自觉地喜欢对称的东西。但是视觉上的规则与几何上的规则并不是同一回事。就像西特说的：“人的眼睛常常忽略轻微的不规则而且不善于估计角度。我们总是随时准备把实际上不规则的形式看得较为规则。” 虽然从空中鸟瞰，这座市政广场的各个部分好像都是不规则的形状，可是人要是站在广场上却几乎不会察觉——且不说一般人并不具备分辨这种细微差别的能力，广场上那么丰富多彩的内容难道不够把你的注意力转移到别的地方去吗？古代的匠人都是在现场进行设计的，他们相信眼睛胜过图纸。他们不会去纠正那些只存在于图纸上而不会被现场所感知的缺陷。而今天的设计师们都是坐在桌子前做设计，他们看自己画的图纸时都是采用鸟瞰的视角，往往会被那些出现在图纸上的一目了然的不规则所吓倒，而实际上那些缺点如果用地面上的视角则很可能不能被人感知到，凡人长的不是火眼金睛。另一方面，图上作业，再怎么用心的人也无法去做那些在比例缩小的图纸上所无法表达的细节设计。而现场设计的工匠们却可以完全凭他们的双眼所及来调整、丰富和完善每一个可见的细节。所以，许多现代的广场建筑，尽管图面上可能都没有缺陷，但是在现场感受的时候却是贫乏无味。而古代的许多广场建筑尽管造型毫无讲究，但却趣味盎然，让人流连不已。

第三个特点是道路与广场的关系。在这座广场上几乎不存在贯穿的道路，进出广场的几条主要通道都分布在广场的各个角上，呈风车状汇聚到广场上。这样就会使广场的围合性大大增强，不会因为道路穿行而四面漏风。广场是城市居民用以活动交往的空间，室外环境本来就要比室内开敞——至少没了顶棚，如果再不重视四周的围合特征，就会显得更加空旷。而空间越空旷，人与人之间的距离就越遥远——不仅是物理上的距离，更是心理上的距离。在类似这种围合性较强的广场上所能感受到的生活气息，你是无法在一个空旷的现代广场上体会到的。“广场越开敞，趣味就越淡乏”。

第四个特点是主体建筑的位置。一个良好的广场需要“有分量的”重要建筑来产生聚集力，但是这样的建筑与所在广场的位置关系却往往考验建筑师的修养。许多人习惯将重要建筑物与周围环境隔离开，认为这样做才会凸显建筑的价值。这话不错，但是这样做也会拉开建筑与人的心理距离，使建筑变成为供奉在广场上的贡品。另一方面，将建筑与周围环境隔离，也会使得建筑的每一个局部都同时暴露在视野中，一览无余，使建筑物变得单调乏味。相比之下，意大利广场中的主要建筑往往都不在广场的中央，总是偏于广场的一侧，以其中的某一个甚至更多侧面倚靠着其他建筑物㊀，把这样“节省”下来的空间更多地留给广场。这样既满足了广场上的人流活动，又给欣赏建筑以足够的进深，并且还可以省下处理那些不必要的立面的开销，真正是一举多得，皆大欢喜。不仅如此，建筑与周围环境紧紧结合在一起，真正能够使建筑的形象复杂多变，在不同的方向有不同的背景，不论是从宽敞的广场看还是从狭小的街巷看，每一个角度都可以找到动人的景象。中国古人说“步移景异”，在这样的广场上，你可以真正体会这种感受。

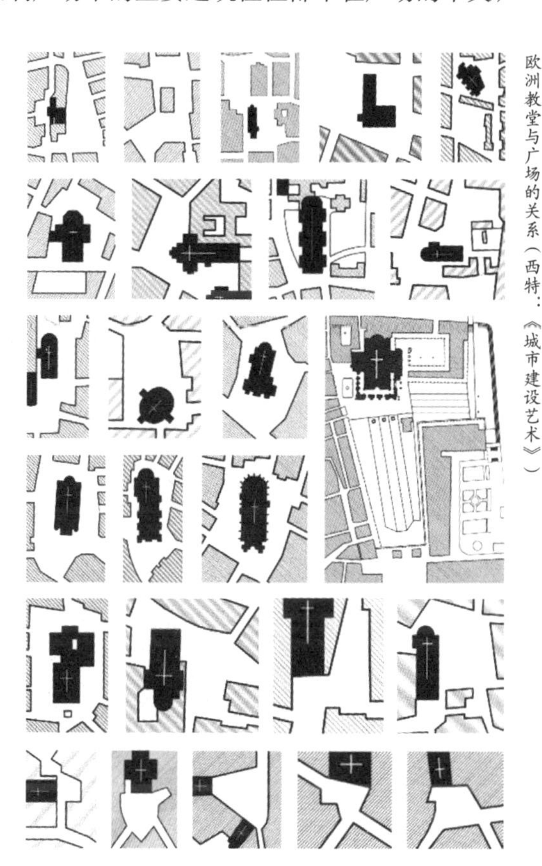

欧洲教堂与广场的关系（西特：《城市建设艺术》）

㊀ 西特考察了罗马的255座教堂，其中41座是一面紧靠其他建筑，96座是两面紧靠其他建筑，110座是三面紧靠其他建筑，2座四面都被其他建筑包裹，只有6座是独立于其他建筑。在意大利其他城市也是如此。

第五个特点是雕像和喷泉的放置。在佛罗伦萨市政广场，没有哪座雕像被放置在广场中央，它们全都散落在广场的边缘，即使是举世闻名的米开朗基罗《大卫像》也只是偏在广场的一个角落里，放在市政厅的大门边上。西特分析说：“这样的布置使得雕像的数量可以无限制地增加并且不会阻碍交通路线，而每一尊雕像都能有一个幸运的背景。”[34] 31 喷泉也一样。在古代，喷泉不仅仅是被当作艺术品，同时也是人们取水解渴的地方，人们因此在此聚集并相互交谈，成为联系城市生活的纽带。古人在广场上设置喷泉时，也常常将它建造在广场的角上，靠近人们主要活动的路线，使它成为人们便于接近的场所。如果认为公共广场的中心是唯一值得布置雕像、喷泉的地方，那么无论多么壮观的广场就只能布置一尊雕像或一座喷泉。雕像和喷泉本是形成广场气氛的道具，本身并不是广场的核心，只有人的活动才是广场设计的核心。

佛罗伦萨市政广场东南角

17-7 锡耶纳

锡耶纳（Siena）的历史可以追溯到伊特鲁里亚人时代，秉承了伊特鲁里亚人在山脊上建造城市的传统，但直到中世纪才繁荣起来。

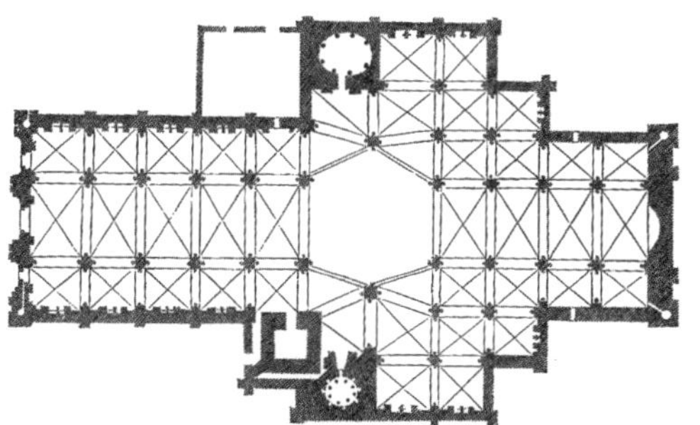
锡耶纳大教堂平面图

锡耶纳大教堂西南侧外观

锡耶纳大教堂中厅俯瞰

1196年在古罗马神庙旧址上兴建的锡耶纳大教堂（Siena Cathedral）号称是意大利最美的哥特式建筑之一。它的立面由乔瓦尼·皮萨诺（Giovanni Pisano，1245—1319）设计，是典型的意大利式山墙立面。

教堂内部的十字交叉部柱网采用非常罕见的六边形布局。室内各部分装饰都极尽其能，尤其是在地面上作有许多大幅的大理石镶嵌画，至臻华美。

锡耶纳大教堂十字交叉部俯瞰

1339年时，锡耶纳人又打算建造一个更大的教堂。他们准备将已造好的大教堂主轴线旋转90°，把原本的中厅改作为新教堂的横厅，而将正面从原本的西南向转成东南向。就在刚刚完成新教堂的正立面以及新中厅东侧侧廊的时候，1348年，黑死病传入锡耶纳，10万居民中有7万人被夺去性命，锡耶纳的繁荣景象戛然而止，新教堂建设再无下文。

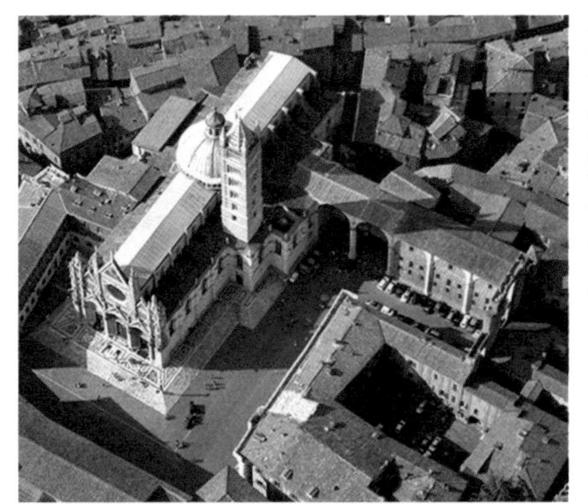
锡耶纳大教堂鸟瞰，右侧可以看到未完成的新中厅，其正立面和一侧侧廊已经完成

早期锡耶纳市民集会主要在教堂中进行。1297年，锡耶纳人开始在距离大教堂东侧不远处建造专门的市政厅（Palazzo Pubblico），其钟塔高达102米。

锡耶纳市政厅

在这座市政厅里，1338年，锡耶纳的九人议会委托画家洛伦采蒂（Lorenzetti，活跃于1317—1348年）绘制了一组寓言式的壁画，表现以锡耶纳为代表的好政府所给人民带来的好处，以及其他坏政府的危险。这幅全景画第一次将世俗的主题表

锡耶纳市政厅内的九人大厅，左右两侧分别为“坏政府”和“好政府”的寓言

锡耶纳市政广场

现得像宗教画一样光彩夺目，在绘画史上有重大的意义。

市政厅前方的市政广场（Piazza del Campo）是一个周围高而向市政厅方向逐渐下沉的扇形广场，它的形状象征圣母玛利亚保护城市的披风，广场中的九个分格代表统治城市的九人议会。最早从13世纪起，锡耶纳人就有在城市举办赛马活动的传统，如今它已经成为意大利最壮观的节日庆典活动。

锡耶纳市政广场赛马节

从空中俯瞰锡耶纳，如果与网格状规划的城市做个比较，锡耶纳确实显得太没有规则和秩序了。这座主要在中世纪发展起来的城市自由自在地在山地间延伸，从一个山头弥漫到另一个山头，根本不可能用一种简单的方式进行清晰地描述。可以说这座城市的每一座建筑

1640年的锡耶纳，当时正处在美第奇家族的统治下（作者：M.Merian）

锡耶纳鸟瞰

都是美的，但它们的美不在于孤立个体的美，而在于相互作用、相互参照、相互映衬，从而创造出一种整体的美好氛围。这种整体美的价值远超过孤立个体的价值。当你要想了解这样一座城市的美之所在，你就必须亲身走在其中，去亲自感受它。就像美国城市规划学家刘易斯·芒福德（Lewis Mumford，1895—1990）形容的那样：“当你走近或者离开这些建筑群时，这些庞大的群体会随视觉而突然扩大、消失；十几步之遥便会明显改变前景和背景的比例关系，或者改变视野上下界线之间的幅度。建筑物的侧面，

锡耶纳街景（一）

锡耶纳街景（二）

连同那些陡立的山墙，尖尖的屋顶轮廓线，塔尖、堡垒、花饰窗格，高低错落，动静相间，时而像平缓的流水，时而像微波涟漪，表现出的活力并不亚于那些建筑物本身。”[35]

仅仅这些也还不是城市的全部。意大利作家伊塔罗·卡尔维诺（Italo Calvino，1923—1985）在他的著作《看不见的城市》中，假借旅行家马可·波罗（Mavco Polo，1254—1324）之口，这样描写一座他想象中的城市：“至高无上的忽必烈汗啊，无论我怎样努力，都难以描述出高大碉堡林立的扎伊拉城。我可以告诉你，高低起伏的街道有多少级台阶，拱廊的弧形有多少度，屋顶上铺的是怎样的碎片，但是，这其实等于什么都没有告诉你。构成这个城市的不是这些，而是她的空间量度与历史事件之间的关系：灯柱的高度，被吊死的篡位者来回摆动的双脚与地面的距离；系在灯柱与对面栅栏之间的绳索，在女王大婚仪仗队行经时是如何披红结彩；栅栏的高度，偷情的汉子如何在黎明时分爬过栅栏；屋檐流水槽的倾斜度，一只猫如何沿着它溜进窗户；渔网的破口，三个老人如何坐在码头上一面补网，一面重复讲述着已经讲了上百次的篡位者的故事，有人说他是女王的私生子，在襁褓时就被遗弃在码头上。城市就像一块海绵，吸汲着这些不断涌流的记忆的潮水，并且随之膨胀着。对今日扎伊拉的描述，还应该包括扎伊拉的整个过去。然而，城市不会泄露自己的过去，只会把它

锡耶纳街景（三）

像手纹一样藏起来，它被藏在街巷的角落、窗格的护栏、楼梯的扶手、避雷的天线和旗杆上，每一道印记都是抓挠、锯锉、刻凿、猛击留下的痕迹。”[36]

在普通人的生活中，建筑总是和在其中所曾经发生过的事件联系在一起，没有孤立的建筑。孤立地谈论建筑艺术，实在只是小众的建筑专门家的艺术，属于建筑师、设计师和他们所属的小圈子，不是属于大众的艺术。城市和城市中的建筑应该是属于大众的，城市建筑必须要重新回归大众，这样的艺术才有生命力。

17-8 圣吉米尼里亚诺

圣吉米尼里亚诺远眺

锡耶纳附近的小镇圣吉米尼里亚诺（San Gimignano）有着“中世纪曼哈顿”的美誉。在12世纪的时候，小镇上的居民热衷于建造高塔以相互攀比，最多的时候建了72座之多，最高的达到70米，在城墙

圣吉米尼里亚诺俯瞰

环绕周长仅有2000米的小镇内，真可谓是摩肩接踵了。如今留存下来的还有14座。

除了塔楼群，小镇的广场群也非常有特点，空间相互渗透，形成迷人的小镇生活景观。

17–9 博洛尼亚

博洛尼亚（Bologna）也曾经是一座以塔楼林立出名的城市，在12—13世纪的时候，这座城市曾经建造起超过180座高塔，如今只有大约20座保留下来，其中最高的有97.5米高。

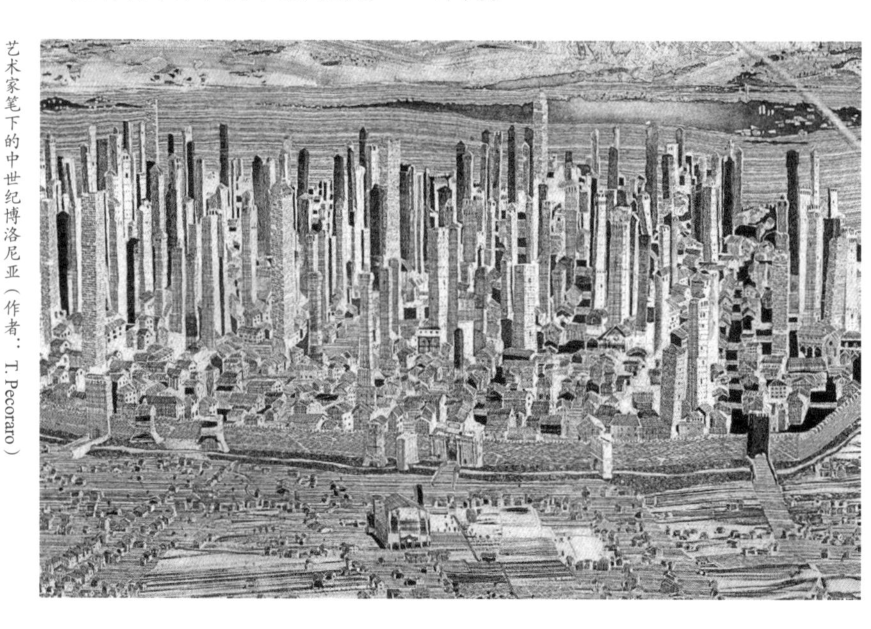
艺术家笔下的中世纪博洛尼亚（作者：T. Pecoraro）

除了塔楼群，博洛尼亚还有许多足以为傲的建筑遗产。1088年创办的博洛尼亚大学以欧洲最古老的大学而闻名。

14世纪建造的西班牙学院是博洛尼亚大学现存最古老的校园

位于市中心的圣彼得罗尼奥大教堂（San Petronio Basilica）建于1390年，正立面朝北，中厅拱顶高达44.3米，几乎与米兰大教堂相当，但其设计风格却不一样，虽然建造在哥特晚期，但却毫不在意北方邻居们在哥特式样上的发展进程，是典型的“意大利式的”哥特教堂。按照原计划，教堂的规模要比现在大两倍，但实在是因为缺钱而未能如愿，最后连计划中的大理石立面都只能做完下半截就搁下了。

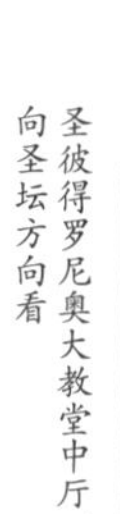
圣彼得罗尼奥大教堂中厅，向圣坛方向看

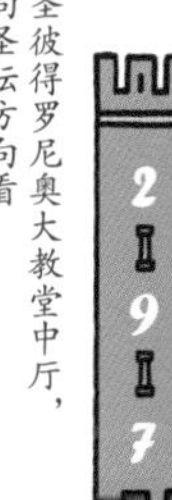

圣彼得罗尼奥大教堂北侧外观

博洛尼亚的骑楼也是世界闻名，其总长度达到45公里。在城市街道两侧建造骑楼，不仅可以充分利用人行道上方的空间，而且也可以帮行人遮阳避雨，是一种利人利己的好设计。

博洛尼亚街景

17-10

奥尔维耶托大教堂

奥尔维耶托大教堂中厅，向圣坛方向看

1290 年开工的奥尔维耶托大教堂（Orvieto Cathedral）是一桩宗教“奇迹”的产物。一位年轻教士不相信基督的身体会在弥撒时转化在圣饼里，但当他在一次弥撒中亲眼见到鲜血从圣饼里流出来后终于相信了。为了纪念这个奇迹和收藏这块圣饼，教皇下令建造大教堂。

奥尔维耶托大教堂西立面玫瑰窗，由 A. Orcagna 设计

这座大教堂的西立面具有与锡耶纳大教堂相似的装饰效果。在前后一百年时间里，据说共有43名建筑工匠、152名雕刻家、68名画家和90名镶嵌艺术家参加了该立面的艺术创作，最终为它赢得了“意大利大教堂中的一朵金色百合花”的美誉。

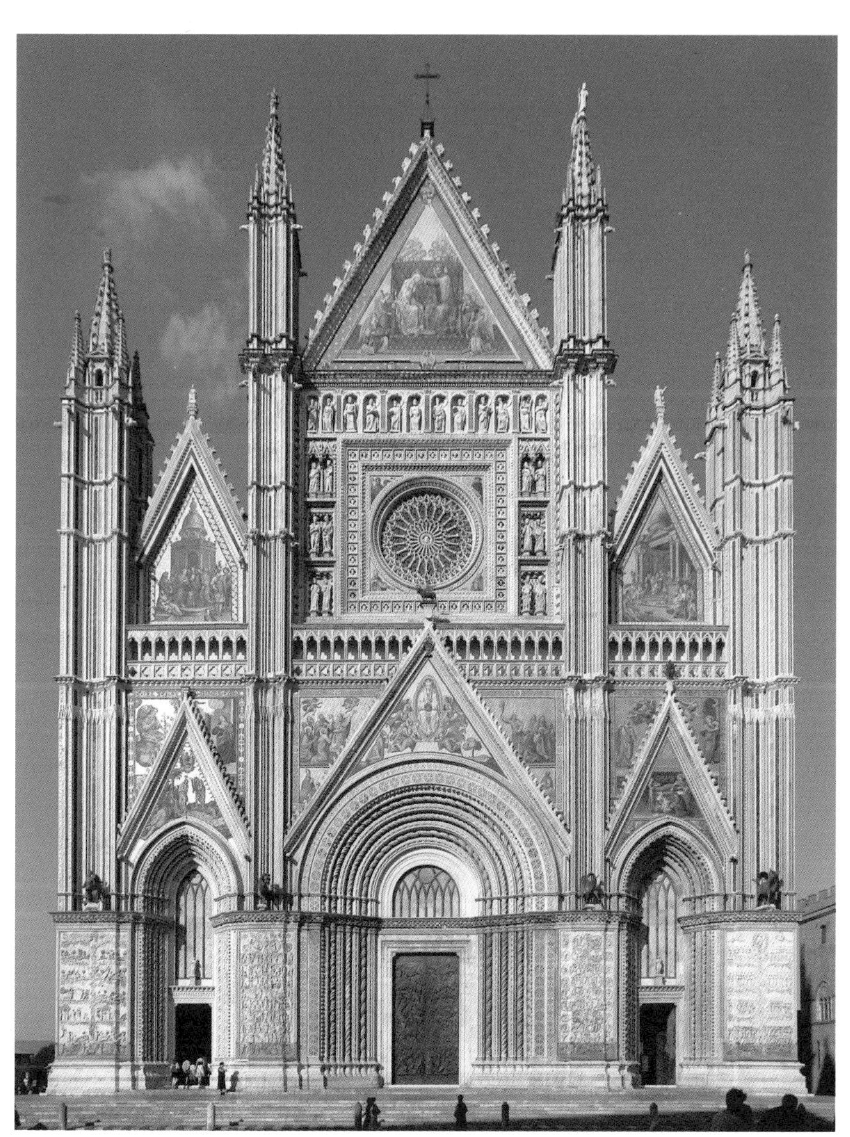

奥尔维耶托大教堂西侧外观（摄影：H. P. Schaefer）

帕维亚的加尔都西会修道院教堂平面图

17-11 帕维亚的加尔都西会修道院

帕维亚的加尔都西会修道院（Certosa di Pavia）修建于14世纪末。它的平面非常特别，在三叶式分布的三个圣坛上又各做了三个壁龛，犹如是数学上的分形（Fractal）一样。教堂的拱顶仍然是300多年前就有的六分肋骨拱。它的立面是在15世纪文艺复兴时期建造的。

帕维亚的加尔都西会修道院教堂中厅，向圣坛方向看

17-12 威尼斯

威尼斯圣约翰和保罗教堂远眺

14世纪到来时，威尼斯已经成为地中海上最强大的海军强国，它那数以千计的大小船只几乎垄断了东西方之间的海上贸易往来。

1333年建造的圣约翰和保罗教堂（Basilica di San Giovanni e Paolo）是威尼斯

哥特教堂的代表，外观用红砖砌筑，显得比较朴实。它的内部也是意大利式哥特风格。从15世纪起，先后有25位威尼斯总督在这里安葬。

圣约翰和保罗教堂中厅，向圣坛方向看

紧挨着圣马可大教堂的威尼斯总督府（Palazzo Ducale）被誉为是欧洲中世纪最美丽的建筑之一。这座平面大体呈U形的建筑的建造年代最早可以上溯到公元814年，以后经历代总督屡加扩建，全1422年基本呈现出今天的外貌。

14世纪晚期绘画中的威尼斯总督府

这座总督府最受人赞誉的是其面向大海的南立面和面向圣马可小广场的西立面。这两段左右相连的立面总长约160米、高约25米。外观上分为三层，其中第一层柱廊开间较大，圆柱粗壮有力，柱头均饰以浮雕；第二层柱廊开间只有第一层的一半，柱头也饰以浮雕，尖券上方装饰着四瓣玫瑰窗；第三层主要是实墙，高度约占总高度的一半，墙上开很大的尖拱窗，间隔也很大，

总督府内院

浸泡在海潮中的威尼斯总督府（摄影：V. Russanov）

总督府内大厅

墙面用小块的白色和玫瑰色大理石拼贴成席纹，在阳光下仿佛绸缎一般；檐口上方则间饰以透雕饰和尖柱。陈志华在所著《外国建筑史》中盛赞道："这两个立面的构图极富有独创性，奇光异彩，世界建筑史中几乎没有可以类比的例子。它们好像是盛装浓饰的，却又天真淳朴；它们好像是端庄凝重的，却又快活轻俏，似乎时时在变化着它的性格。"[37]

1428 年建造的"黄金宫"（Ca' d'Oro）也是威尼斯最美的哥特式建筑之一，

坐落在贯通威尼斯全城的大运河上。它原属于康达里尼家族（Contarini Family），这个家族在历史上先后产生8位总督。它的建筑师是乔瓦尼·邦（Giovanni Bon）和巴托罗梅欧·邦（Bartolomeo Bon）父子俩。外立面主要装饰部位原本均作镏金，并因此得名。它的最后一位主人于1915年将它连同内部所有收藏品都捐赠出来作为美术馆。

威尼斯黄金宫（摄影：D. Descouens）

威尼斯黄金宫外立面局部

17-13 帕多瓦

帕多瓦（Padua）是意大利北方最古老的城市之一，根据古罗马诗人维吉尔（Virgil，前70—前19）在史诗《埃涅阿斯纪》（Aeneid）中的描述，帕多瓦是由特洛伊之战中逃难出来的安忒诺耳（Antenor）建立的，其建城历史比罗马还早。在罗马帝国时代，帕多瓦曾经是仅次于罗马的意大利最富庶和人口最多的城

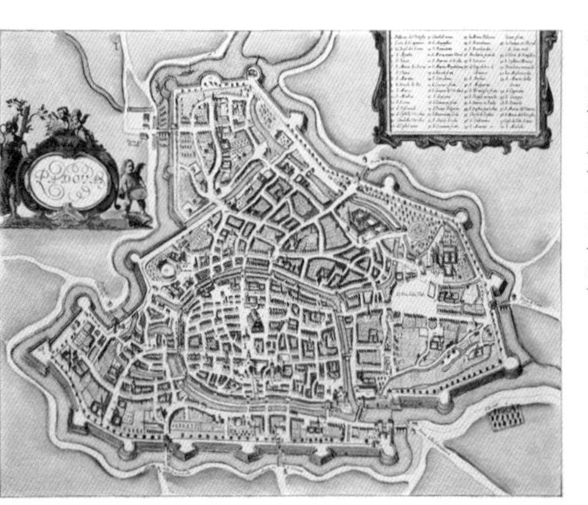

帕多瓦地图（作于16世纪）

圣安东尼教堂鸟瞰

市。中世纪开始后，帕多瓦因其地处野蛮人从东北方向入侵意大利的必经之路上，在频繁的战乱中逐渐没落。1405 年，帕多瓦被威尼斯共和国征服。

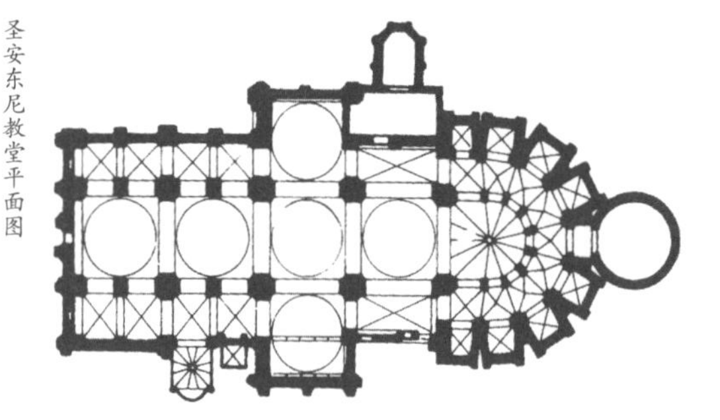
圣安东尼教堂平面图

帕多瓦的圣安东尼教堂（Basilica of Saint Anthony）是一座纪念去世于当地的葡萄牙传教士圣安东尼（1195—1231）的朝圣教堂，建于 1232 年。这座教堂平面设计是法国哥特式的，拱顶却是威尼斯圣马可教堂的拜占庭风格，外表具有罗马风的特征，屋顶的小尖塔又具有伊斯兰清真寺宣礼塔的情调。

位于市中心的法理宫

帕多瓦法理宫外观

（Palazzo della Ragione）建于 12 世纪，屋顶建成于 14 世纪初，长 81.5 米、宽 27 米、高 24 米，是中世纪建造的跨度最大的大厅，蔚为壮观。这座大厅的平面呈平行四边形，最初大概是为了适应街道的走向。这种形状单独拿出来看，或者从鸟瞰的视角看的话，会觉得有些怪异，但实际上在现实世界中人的视角是很难察觉的，不论是站在大厅的南广场还是北广场看，它都与周围街道环境很好结合。这再一次说明，对于城市建筑而言，城市的总体形象才是首要的考虑因素。只有在维护总体形象的前提下，追求个体的表现才是值得鼓励和赞美的。

帕多瓦法理宫鸟瞰

帕多瓦法理宫内景

尾声

『从他那个时代以后，艺术史就成了伟大艺术家的历史。』

除了圣安东尼教堂和市政大厅，帕多瓦还有一座体量不大但却同样出名的中世纪建筑，这就是斯克罗维尼礼拜堂（Cappella degli Scrovegni）。这座小教堂建于 1303 年，是一座单厅式建筑，屋顶是筒形拱顶，除了窗户之外，几乎看不到什么哥特特征。它的内部墙壁几乎画满了壁画，题材主要是圣经故事和宗教寓言。这些画作的作者是乔托（Giotto，1267—1337），他是中世纪最伟大的画家之一，前面介绍的阿西西的圣方

斯克罗维尼礼拜堂内景，向入口方向看

济各教堂以及佛罗伦萨圣十字教堂祭坛上有关方济各生平故事的壁画也是由他绘制的。

乔托像（约作于15—16世纪）

根据意大利文艺复兴时期著名的传记作家、画家和建筑家乔治·瓦萨里（Giorgio Vasari，1511—1574）的记载，佛罗伦萨画家吉欧瓦尼·契马布埃（Giovanni Cimabue，1240—1302）在一次外出旅行时，看见一位放羊娃用石头在石板上画羊。契马布埃为少年的天才所打动，欣然将他收为徒弟。这个放羊娃就是乔托。[38]

犹大之吻（乔托作于1304—1306年）

乔托被誉为是使失传的绘画艺术获得新生的人。他生活在方济各去世之后不久的时代。在绘制方济各生平故事的时候，他逐渐感悟到，圣者并非总是超然的神圣，而是与他所熟悉的普普通通的人具有共同人类情感的杰出人物。因此，他在创作的时候，也以其亲眼所见的活生生的人物为模特，以观众的视点来安排画面，重新发现了在平面上创造深度空间感受的方法，一举突破了自从古典时代结束数百年以来那种僵硬和程式化的绘画传统，为即将到来的文艺复兴开辟了道路。

贡布里希在评价乔托时说："以前也出现过艺术名家，他们受到普遍的尊重，从一个修道院被举荐到另一个修道院，或者从一个主教处被举荐到另一个主教处。但是，人们一般认为没有必要把那些艺术名家的姓名流传给子孙后代。人们看待他们就像我们看待一个出色的细木工或裁缝一样。……他们在当时受到赏识，但是他们把荣誉给了他们为之工作的那些主教堂。……佛罗伦萨画家乔托揭开了艺术史上的崭新一章。从他那个时代以后，首先是在意大利，后来又在别的国家里，艺术史就成了伟大艺术家的历史。" [12] 205

附录　西欧中世纪建筑所在城市分布图

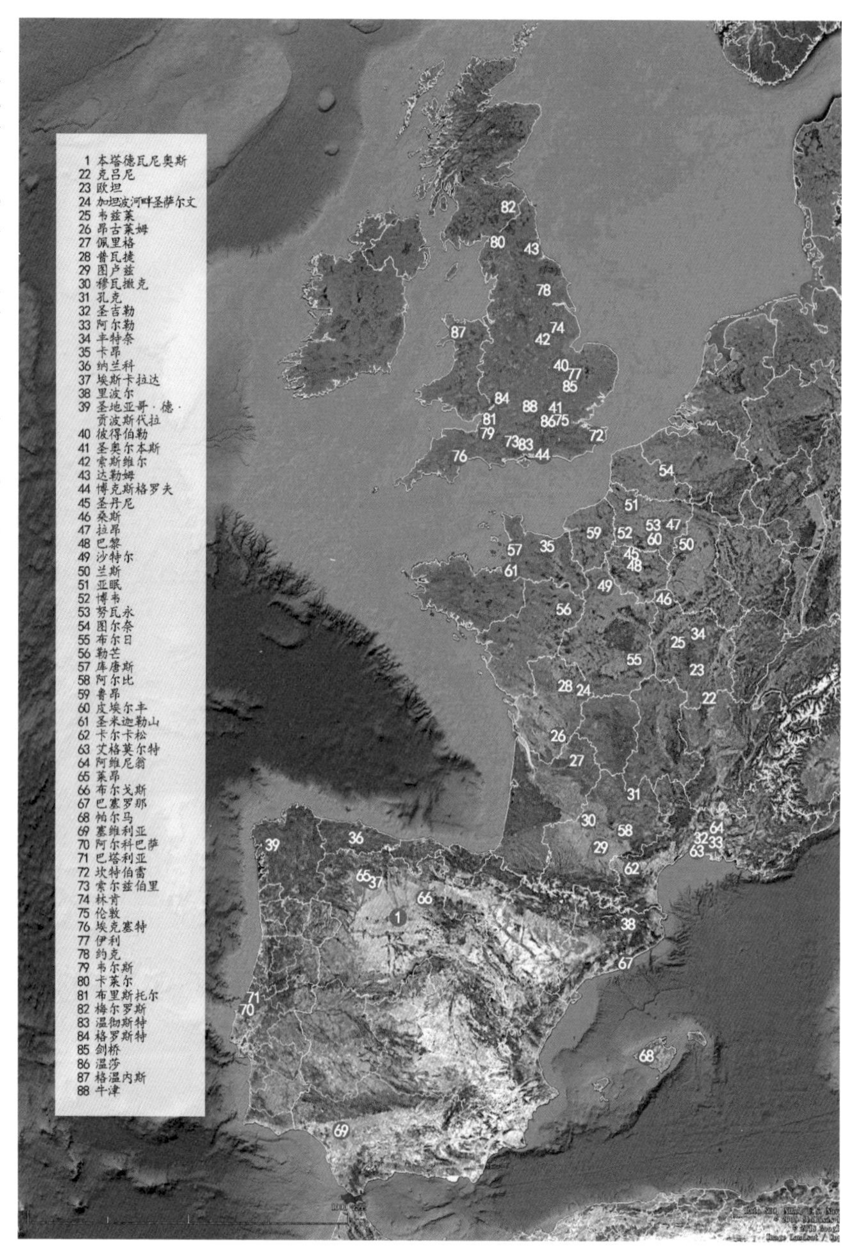

西欧中世纪建筑所在城市分布图（仅列出在本书介绍的城市，按本书中的介绍顺序编号）

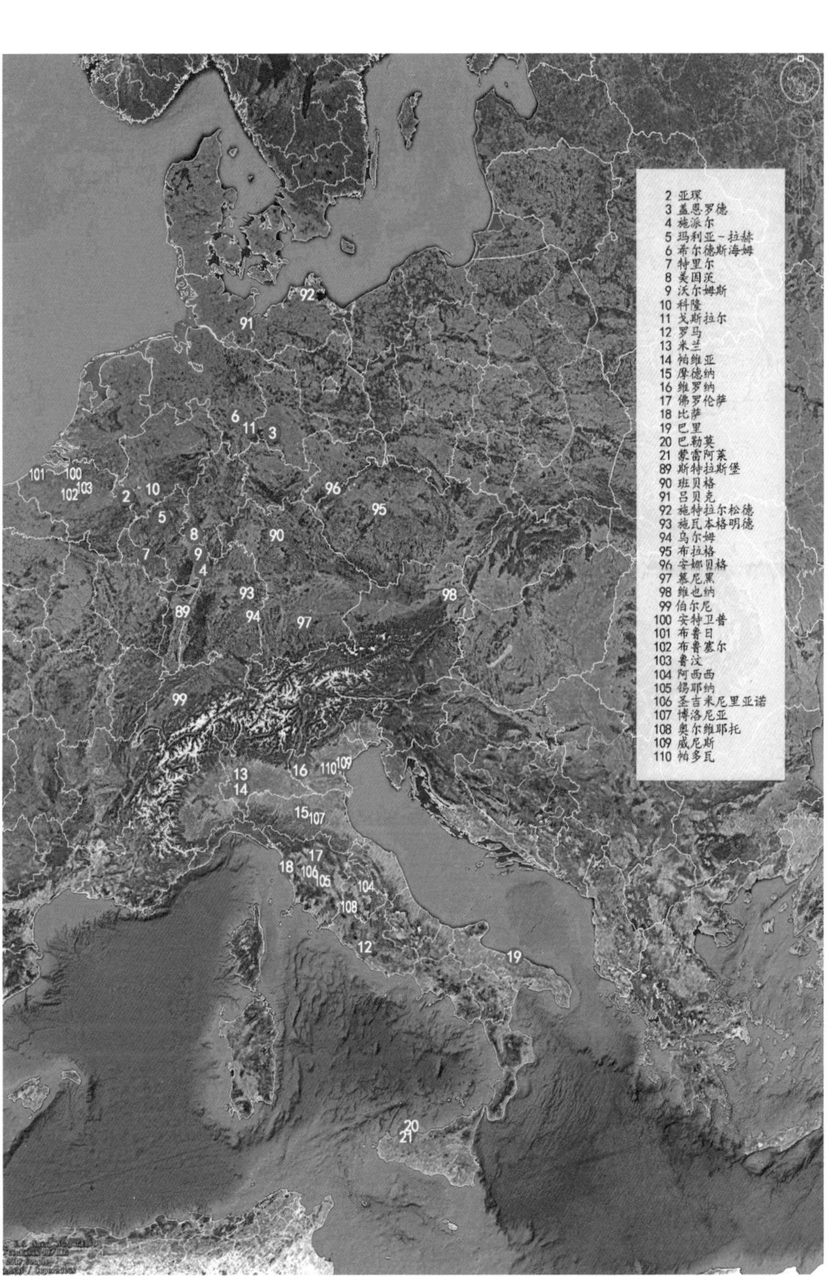

西欧中世纪建筑所在城市分布图（仅列出在本书介绍的城市，按本书中的介绍顺序编号）

参考文献

[1] 恺撒 . 高卢战记 [M]. 任炳湘，译 . 北京：商务印书馆，1979.

[2] 恩格斯 . 马克思恩格斯全集 第 19 卷 论日耳曼人的古代历史 [M]. 中共中央编译局，编译 . 北京：人民出版社，2016.

[3] 塔西佗 . 阿古利可拉传 日耳曼尼亚志 [M]. 马雍，傅正元，译 . 北京：商务印书馆，1959：64.

[4] 威尔·杜兰 . 世界文明史 卷四 信仰的时代 [M]. 幼狮文化公司，译 . 北京：东方出版社，1998：106.

[5] 大卫·休谟 . 英国史 I [M]. 刘仲敬，译 . 长春：吉林出版集团有限责任公司，2012：127.

[6] 威廉·吉塞布莱希特 . 德意志皇帝史 卷一 [M]. 邱瑞晶，译 . 上海：上海社会科学出版社，2007：122.

[7] 朱迪斯·M·本内特，C·沃伦·霍利斯特 . 欧洲中世纪史 [M]. 杨宁，李韵，译 . 北京：商务印书馆，1985：151.

[8] 詹姆斯·布赖斯 . 神圣罗马帝国 [M]. 孙秉莹，谢德风，赵世瑜，译 . 北京：商务印书馆，2000：57.

[9] 陈文捷 . 巨人的文明——罗马，从共和国到帝国，从恺撒到基督 [M]. 北京：机械工业出版社，2018：257.

[10] 丹纳 . 艺术哲学 [M]. 傅雷，译 . 北京：人民文学出版社，1963：49.

[11] Alain Erlande-Brandenburg. 大教堂的风采 [M]. 徐波，译 . 上海：汉语大辞典出版社，2003：13.

[12] 贡布里希 . 艺术的故事 [M]. 范景中，译 . 北京：生活·读书·新知三联书店，1999.

[13] 乔治·扎内奇 . 西方中世纪艺术史 [M]. 陈平，译 . 杭州：中国美术学院出版社，2006：55.

[14] 布鲁诺・赛维 . 建筑空间论——如何品评建筑 [M]. 张似赞，译 . 北京：中国建筑工业出版社，1985：57-59.

[15] 卡米诺・西特 . 城市建设艺术 [M]. 仲德崑，译 . 南京：江苏凤凰科学技术出版社，2017：71.

[16] 威廉・乔丹 . 中世纪盛期的欧洲 [M]. 傅翀，吴昕欣，译 . 北京：中信出版集团，2019：40.

[17] 拉尔斯・布朗沃斯 . 诺曼风云 [M]. 胡毓堃，译 . 北京：中信出版集团，2016：XXVI.

[18] 威廉・吉塞布莱希特 . 德意志皇帝史 卷一 [M]. 邱瑞晶，译 . 上海：上海社会科学出版社，2007：518.

[19] 威廉・弗莱明，玛丽・马里安 . 艺术与观念 [M]. 宋协立，译 . 北京：北京大学出版社，2008：194.

[20] 乔治・扎内奇 . 西方中世纪艺术史 [M]. 陈平，译 . 杭州：中国美术学院出版社，2006：232.

[21] 沙拉・柯耐尔 . 西方美术风格演变史 [M]. 欧阳英，樊小明，译 . 杭州：中国美术学院出版社，1992：50.

[22] 丹纳 . 艺术哲学 [M]. 傅雷，译 . 北京：人民文学出版社，1963：52.

[23] 恺撒 . 高卢战记 [M]. 任炳湘，译 . 北京：商务印书馆，1979：188.

[24] 沃林格尔 . 哥特形式论 [M]. 张坚，周刚，译 . 杭州：中国美术学院出版社，2004：150.

[25] 布鲁诺・赛维 . 建筑空间论 [M]. 张似赞，译 . 北京：中国建筑工业出版社，1985：60.

[26] H. W. Janson. 西洋艺术史 [M]. 曾堉，王宝连，译 . 台北：幼狮文化事业公司，1984：91.

[27] 乔纳森・格兰西 . 建筑的故事 [M]. 罗德胤，张澜，译 . 北京：生活・读书・新知三联书店，2003：53.

[28] 迈克尔・卡米尔 . 哥特艺术 [M]. 陈颖，译 . 北京：中国建筑工业出版社，2004：16.

[29] H・里德 . 艺术的真谛 [M]. 王柯平，译 . 沈阳：辽宁人民出版社，1987：121.

[30] 大卫・休谟 . 英国史 II [M]. 刘仲敬，译 . 长春：吉林出版集团有限责

任公司，2012：35.

[31] 威尔・杜兰 . 世界文明史 卷十 卢梭与大革命 [M]. 幼狮文化公司，译 . 北京：东方出版社，1998：823.

[32] 威尔・杜兰 . 世界文明史 卷五 文艺复兴 [M]. 幼狮文化公司，译 . 北京：东方出版社，1998：100.

[33] 嘉斯拉夫・帕利坎 . 基督简史 [M]. 陈雅毛，译 . 西安：陕西师范大学出版社，2006.

[34] 卡米诺・西特 . 城市建筑艺术 [M]. 仲德昆，译 . 南京：东南大学出版社，1990.

[35] 刘易斯・芒福德 . 城市发展史 [M]. 宋俊岭，倪文彦，译 . 北京：中国建筑工业出版社，2005：297-298.

[36] 伊塔洛・卡尔维诺 . 看不见的城市 [M]. 张密，译 . 南京：译林出版社，2012：8-9.

[37] 陈志华 . 外国建筑史 [M]. 北京：中国建筑工业出版社，1979：92.

[38] 乔治・瓦萨里 . 著名画家、雕塑家、建筑家传 [M]. 刘明毅，译 . 北京：中国人民大学出版社，2004：1-3.